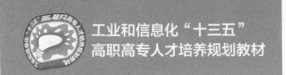

工业和信息化"十三五"
高职高专人才培养规划教材

# Linux
## 网络操作系统 应用基础教程
### RHEL版

Red Hat Enterprise Linux 7.0

莫裕清 ◎ 主编

肖姚星 邓杰 彭顺生 ◎ 副主编

人民邮电出版社

北京

#### 图书在版编目（CIP）数据

Linux网络操作系统应用基础教程：RHEL版 / 莫裕清主编. -- 北京：人民邮电出版社，2017.9（2019.12重印）
工业和信息化"十三五"高职高专人才培养规划教材
ISBN 978-7-115-44531-5

Ⅰ. ①L… Ⅱ. ①莫… Ⅲ. ①Linux操作系统－高等职业教育－教材 Ⅳ. ①TP316.85

中国版本图书馆CIP数据核字（2017）第002976号

#### 内容提要

本书以目前被广泛应用的 Red Hat Linux 服务器发行版为例，采用理论与实践相结合的方式，全面系统地介绍了应用 Linux 操作系统架设网络服务器的方法，内容包括项目概述、安装 Linux 操作系统、Linux 基础操作与文档编辑、用户和租的管理、基本磁盘管理、Linux 网络基础、资源共享服务器配置、DHCP 服务器、Apache 服务器、电子邮件服务器、VPN 服务器、集群技术、Linux 系统安全。

本书采用大案例，一案到底的方式，用各个子项目构架起全书的"项目驱动"，注重知识的实践性和可操作性，以培养企业技能型人才为主，是一本实战性的读物。

本书适合作为高职高专院校计算机相关专业的教材，也可作为广大 Linux 网络管理员的技术参考用书，还可供广大 Linux 爱好者自学使用。

---

◆ 主　编　莫裕清
　　副 主 编　肖姚星　邓　杰　彭顺生
　　责任编辑　范博涛
　　责任印制　焦志炜

◆ 人民邮电出版社出版发行　北京市丰台区成寿寺路11号
　　邮编　100164　电子邮件　315@ptpress.com.cn
　　网址　http://www.ptpress.com.cn
　　涿州市京南印刷厂印刷

◆ 开本：787×1092　1/16
　　印张：12　　　　　　　2017年9月第1版
　　字数：296 千字　　　 2019年12月河北第7次印刷

定价：32.00 元

读者服务热线：（010）81055256　印装质量热线：（010）81055316
反盗版热线：（010）81055315
广告经营许可证：京东工商广登字 20170147 号

# 前言 FOREWORD

Linux 操作系统是开源的、免费的、安全稳定性较高的、多任务多线程的网络操作系统，在企事业单位的网络服务器建设中得到了广泛的应用。Linux 操作系统目前在市面上有很多发行版，在国际上比较流行且应用广泛的是 RHEL 版 Linux。本教程采用 redhat 公司目前最新的服务器版本 Red Hat Enterprise Linux 7.0 作为开发环境，对使用 Red Hat Enterprise Linux7.0 构建各种类型服务器的方法进行讲解。

本书特点如下。

（1）实用性非常强

使用企业组网的大案例一贯到底的方式，将各子项目贯穿于教程章节的"项目驱动"模式，注重理论与实践的贯通，实用性非常强。

（2）丰富的网络资源

本书配套超星慕课平台，可在线学习，并提供丰富的网络教学资源。平台上配备各个章节的网络教学视频、教学 PPT、课程设计、教案、任务书和在线作业等资源。平台网址为 http://mooc1.chaoxing.com/course/1008707.html，或扫描封面二维码。

（3）注重基础理论与实践的结合

根据职业教育的特点，针对企事业单位中构建中小型网络的实际情况提供技术支持。

本书共有 14 个项目，项目一至项目六为 Linux 网络操作系统基础知识，对基础命令、磁盘管理、用户管理和基础网络配置进行了介绍；项目七至项目十三对配置各种类型的网络操作系统服务器进行了介绍；项目十四对系统安全进行了介绍。

本书由莫裕清、肖姚星、邓杰、彭顺生、向源、陈少淼（湖南大学）、张瑛等编写，此外，胡阿辉（株洲市规划局）、徐敏也参加了课程网络资源的建设。其中，莫裕清编写了项目一、项目三、项目七至项目九、项目十二至项目十四，肖姚星编写了项目二、项目四至项目六、项目十、项目十一，邓杰修订了项目一、项目十四，向源修订了项目十、项目十一，张瑛参与了项目三的修订和网络资源建设，陈少淼参与了整个教程的审稿。徐敏完成了网络视频资源的剪辑合成处理。

由于编者水平有限，书中难免存在一些疏漏之处，希望读者能够提出宝贵意见，有任何疑问可联系作者。邮箱为 moyuqing@mail.hniu.cn。

编　者
2017 年 6 月

# 目录 / CONTENTS

项目一　项目概述 ...................... 1
　1.1　案例描述 .............................. 2
　1.2　软硬件资源要求 ....................... 7

项目二　安装 Linux 操作系统 ........ 8
　2.1　Linux 概述 ............................. 9
　　2.1.1　特点 ............................... 9
　　2.1.2　Linux 内核（kernel）版本 ............ 11
　　2.1.3　Linux 的发行版本 ................... 11
　　2.1.4　Linux 的应用领域 ................... 13
　2.2　Red Hat Enterprise Linux 的安装 ........................... 14
　　2.2.1　安装前的准备 ....................... 14
　　2.2.2　安装 Red Hat Enterprise Linux 7.0 ... 16
　　2.2.3　删除 Red Hat Enterprise Linux 7.0 ... 24
　2.3　在虚拟机中安装 Red Hat Enterprise Linux 7.0 ........... 24
　　2.3.1　虚拟机简介 ......................... 25
　　2.3.2　VMware 与 Virtual PC ............... 25
　　2.3.3　获得及安装 VMware Workstation ... 26
　2.4　项目实训 ............................... 28

项目三　Linux 基础操作与文档编辑 .......................... 32
　3.1　Linux 基础操作ate ..................... 33
　　3.1.1　Linux 系统终端 ..................... 33
　　3.1.2　Linux 命令基础 ..................... 34
　　3.1.3　常用命令 ........................... 34
　3.2　文档编辑 ............................... 40
　3.3　项目示例 ............................... 40
　3.4　项目实训 ............................... 43

项目四　用户和组的管理 ............ 47
　4.1　图形模式下的用户管理 ......... 48
　4.2　用户和组文件 ....................... 50
　　4.2.1　用户账号文件——passwd ............ 50
　　4.2.2　用户影子文件——shadow ............ 51
　　4.2.3　用户组账号文件——group 和 gshadow ............................ 52
　4.3　命令模式下的用户和组管理 ... 52
　　4.3.1　管理用户的命令 ..................... 52
　　4.3.2　管理组的命令 ....................... 54
　4.4　项目示例 ............................... 55
　4.5　项目实训 ............................... 56

项目五　基本磁盘管理 ............... 57
　5.1　磁盘的管理 ........................... 58
　　5.1.1　磁盘的种类与分区 ................... 58
　　5.1.2　新建磁盘分区 ....................... 59
　5.2　文件系统的建立与检查 ......... 63
　5.3　文件系统的挂载 .................... 64
　5.4　项目实训 ............................... 66

项目六　Linux 网络基础 ............ 72
　6.1　网络配置 ............................... 73
　　6.1.1　网络分类 ........................... 73
　　6.1.2　网络配置文件 ....................... 74
　　6.1.3　图形化界面网络管理 ................. 81
　6.2　网络管理工具 ....................... 82

        6.2.1 网络配置命令 ifconfig ...................82
        6.2.2 网格检测命令 ping .........................84
        6.2.3 查看网络状态信息命令 netstat ......84
        6.2.4 设置路由表命令 route ....................85
    6.3 项目实训 ........................................86

## 项目七 资源共享服务器配置 .......87

    7.1 FTP 概述 ........................................89
        7.1.1 FTP 服务工作原理 ...........................89
        7.1.2 FTP 命令 ..........................................89
    7.2 配置和管理 FTP 服务器 ..............90
        7.2.1 安装 vsftpd 软件包 ..........................90
        7.2.2 配置 FTP 服务器 .............................90
    7.3 配置 Linux 与 Windows 资源
        共享服务器 .....................................95
        7.3.1 SMB 协议 .........................................95
        7.3.2 Samba 服务安装、启动与停止.......95
    7.4 项目实训 ........................................97

## 项目八 DHCP 服务器 ................99

    8.1 配置和管理 DHCP 服务器 ....100
        8.1.1 DHCP 服务器工作原理 ..................100
        8.1.2 配置和管理 DHCP 服务器 .............101
    8.2 配置 DHCP 中继代理 ..........106
    8.3 项目实训 ......................................108

## 项目九 DNS 服务器 ................110

    9.1 配置和管理主 DNS 服务器 ....112
        9.1.1 DNS 工作原理 .................................112
        9.1.2 配置和管理主 DNS 域名解析
              服务器 ............................................113
    9.2 配置和管理辅助 DNS 域名
        解析服务器 ....................................118
    9.3 项目实训 ......................................119

## 项目十 Apache 服务器 ...........121

    10.1 基于虚拟主机的 Apache ....122
        10.1.1 Apache 服务器简介 ......................123
        10.1.2 配置基于虚拟主机的 Apache ......123
    10.2 基于认证的 Apache .........131
        10.2.1 访问控制 .......................................131
        10.2.2 别名设置 .......................................131
        10.2.3 用户认证 .......................................132
        10.2.4 Apache 日志管理 ..........................134
    10.3 Apache 的应用 ...............137
        10.3.1 安装和管理 MariaDB 数据库
               服务器 ............................................137
        10.3.2 配置 PHP 应用程序 .......................143
    10.4 项目实训 ....................................144

## 项目十一 电子邮件服务器 .......147

    11.1 配置和管理 Sendmail
         服务器 .......................... 148
        11.1.1 电子邮件服务简介 ........................148
        11.1.2 电子邮件系统的工作原理 ...........150
        11.1.3 SMTP ............................................150
        11.1.4 Sendmail 服务的安装与配置........150
        11.1.5 流行 E-mail 服务器软件简介 .......154
    11.2 配置 Dovecot 服务器 ........155
        11.2.1 POP 及 IMAP .................................155
        11.2.2 配置 Dovecot 服务器 .....................156
    11.3 电子邮件客户端的配置与
         访问 ..............................................157
    11.4 项目实训 ....................................159

## 项目十二 VPN 服务器 ............162

    12.1 VPN 协议 .................... 164
    12.2 配置和管理 VPN 服务器 ... 164
    12.3 项目实训 ...................... 168

## 项目十三 集群技术 .................. 170

- 13.1 集群技术概述 ................... 171
  - 13.1.1 集群分类 ........................................... 171
  - 13.1.2 集群的特点 ..................................... 173
- 13.2 配置 LVS 高可用集群 ....... 173

## 项目十四 Linux 系统安全 ....... 176

- 14.1 配置和管理 iptables.......... 177
  - 14.1.1 包过滤型防火墙工作原理............. 178
  - 14.1.2 iptables 常用的基础命令 ............. 178
  - 14.1.3 配置和管理 iptables ..................... 178
- 14.2 管理文件权限 .................. 180
- 14.3 网络安全基本配置............ 182
- 14.4 项目实训......................... 182

# Chapter 1

## 项目一
## 项目概述

Linux 操作系统是一种开源的、安全稳定性较高的操作系统,其强大的网络功能使得它在服务器的搭建上得到广泛应用。用户可在 Linux 网络操作系统上构建各种服务器,将安装有 Linux 操作系统的服务器配置成不同类型的服务器,实现网络服务功能。本章对融入整个教程的项目和 8 个子项目进行了描述。

## 1.1 案例描述

某公司总部位于北京,分别在上海、长沙设有两个分支机构。公司总部设有服务器区和办公区,公司总部职员约 150 人,每个分支机构职员约 100 人。

公司租借公网的一个 IP 地址 222.222.222.40 和 ISP 提供的一个公网 DNS 服务器(IP 地址为 202.106.46.151),公司在公网上注册的域名为 amy.com。公司总部服务器区位于 192.168.0.0 网段,上海分公司位于 192.168.10.0 网段,长沙分公司位于 192.168.20.0 网段。整个项目需实现的功能有以下几条。

① 为了增强服务器的安全性,部署 iptables 防火墙,实现数据包的过滤;设置文件权限限制,限制普通用户对系统文件的使用;限制普通用户访问登录系统的权限。

② 为了防止因服务器发生故障而导致网络信息无法访问,应用集群技术来承载。

③ 分公司及出差在外地或因为请假在家的员工需要通过互联网与公司总部通信,访问企业内部资源。为了增强企业内部资源的安全性,通过 VPN 服务器在总公司与分公司、出差及休假员工之间建立虚拟网络通道进行通信。分公司之间也可通过 VPN 服务器架设虚拟的网络通道进行网络通信。

整个项目的网络拓扑图,如图 1-1 所示。

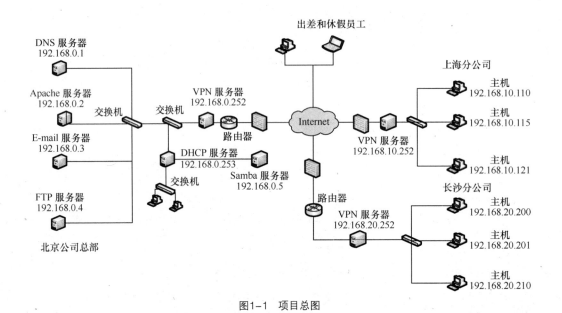

图1-1 项目总图

整个项目由 8 个子项目构成,每个子项目功能描述如下。

## 1. 搭建 DNS 服务器

公司在总部搭建一台 DNS 域名解析服务器和辅助 DNS 服务器，实现 amy.com 域的解析，实现公司内部和外部域名解析。当主 DNS 服务器发生故障时候，通过区域传输，构建辅助 DNS 服务器，承载主 DNS 服务器解析任务。

（1）正向解析任务如下：

dns.amy.com——192.168.0.1；fdns.amy.com——192.168.0.6；www.amy.com——192.168.0.2；

mail.amy.com——192.168.0.3；ftp.amy.com——192.168.0.4；samba.amy.com——192.168.0.5；

vpn.amy.com——192.168.0.252；dhcp.amy.com——192.168.0.253；oa.amy.com——192.168.0.200。

（2）反向解析任务：实现正向解析任务中 IP 地址到域名的反向解析。

（3）DNS 服务器域名解析网络拓扑图，如图 1-2 所示。

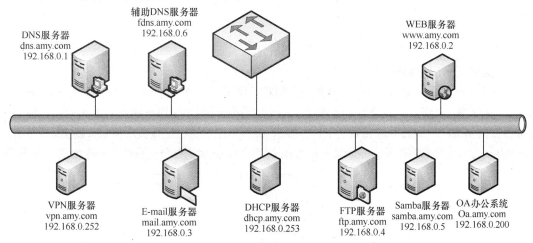

图1-2　DNS域名解析

## 2. 搭建 Web 服务器

公司在总部搭建一台 Apache 服务器，用于发布总公司和分公司的网页（总公司、子公司都有自己独立的网站），站点域名分别为 bj.amy.com、sh.amy.com、cs.amy.com。这三个域名解析到 Apache 服务器 192.168.0.2，并通过域名服务器 192.168.0.1 完成域名和 IP 之间的映射关系。建立/var/www/bj、/var/www/sh、/var/www/cs 目录，分别用于存放 bj.amy.com、sh.amy.com、cs.amy.com 这三个网站。管理员邮箱都设置为 root@amy.com。

（1）bj.amy.com 网站搭建 PHP 论坛实现广大用户的在线交流，PHP 论坛数据存放在 MySQL 数据库中。要求该网站可满足 1000 人同时在线访问，并且该网站有个非常重要的子目录/security，里面的内容仅允许来自 192.168.0.0/24 这个网段的成员访问，其他全部拒绝。首页设置为 index.php。

（2）sh.amy.com 网站首页设置为 index.html，该网站有子目录/down，采用基于别名实现对于资源的下载，并设定只有经过认证的用户才可以登录下载，认证的用户名为 xinxi，密码为 123456。

（3）cs.amy.com 网站首页设置为 index.jsp。安装 tomcat 应用软件，与 Apache 进行整合，

搭建 jsp 环境。

（4）Apache 服务器网络拓扑图如图 1-3 所示。

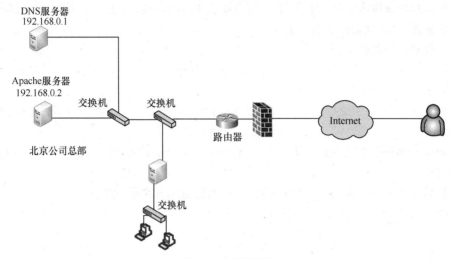

图1-3　Web服务器

### 3. 搭建 E-mail 服务器

搭建 E-mail 服务器，构建企业内部员工邮箱，用于收发电子邮件。该邮件服务器的 IP 地址为 192.168.0.3，负责投递的域为 amy.com。该局域网内部的 DNS 服务器为 192.168.0.1，该 DNS 服务器负责 amy.com 域的域名解析工作。要求 user1 用户通过配置该邮件服务器实现邮箱账号 user1@amy.com 向邮箱账号为 user@amy.com 的用户 user 发送邮件。网络拓扑图如图 1-4 所示。

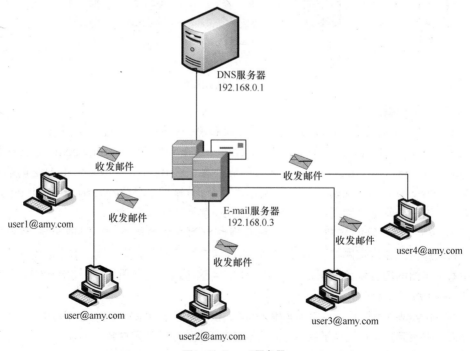

图1-4　E-mail服务器

## 4. 搭建 FTP 服务器

公司总部服务器区需要架设一台 FTP 服务器,实现企业内部资源的上传、下载。要求该服务器具有以下几条功能。

(1)设置只有本地用户 user1 和 user2 可以访问 FTP 服务器,其他用户都不可以;
(2)设置将所有本地用户都锁定在家目录中;
(3)拒绝 192.168.1.0/24 的主机访问 FTP 服务器;
(4)对域 amy.com 和 192.168.10.0/24 内的主机不做连接数和最大传输速率限制,对其他主机的访问限制每个 IP 的连接数为 1,最大传输速率为 20KB/S,拓扑图如图 1-5 所示。

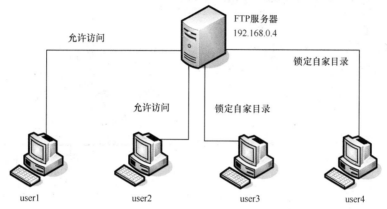

图1-5　FTP服务器

## 5. 搭建 Samba 服务器

总公司局域网中存在大量的 Linux 主机和 Windows 主机,Linux 主机之间可以使用 Samba 服务器(192.168.0.5)进行资源的共享。现在公司需要进行一个开发项目,需要使用 Linux 主机和 Windows 主机的用户一起完成,因此需要架设一台文件服务器来实现不同操作系统类型的终端之间的资源共享。局域网的网络地址为 192.168.0.0,新架设的 Samba(文件服务器)IP 地址为 192.168.0.5,网络拓扑图如图 1-6 所示。

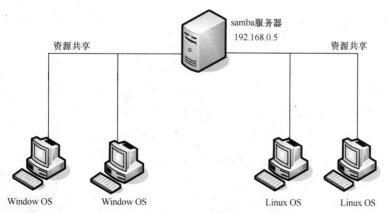

图1-6　Samba服务器

## 6. 搭建 DHCP 服务器

总公司服务器区的 DHCP 服务器(192.168.0.253)实现给一个网段的计算机动态的分配 IP

地址，即客户端计算机（client computer1～client computer4）分配的 IP 地址范围在 192.168.0.0 这个网段，服务器区的 DHCP 服务器要给办公区不在一个网段（192.168.1.0）的客户端计算机（client computer5～client computer9）动态分配 IP 地址，通过 DHCP 代理服务器（192.168.0.251）实现。网络拓扑图如图 1-7 所示。

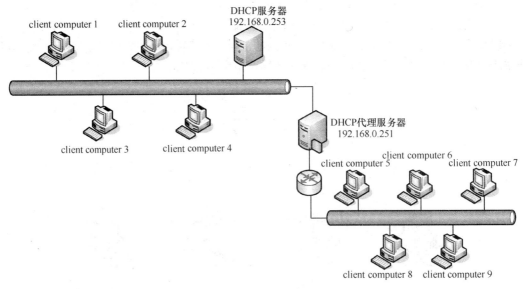

图1-7　DHCP服务器

### 7. 搭建 VPN 服务器

当出差在外地的用户要通过互联网访问企业局域网内部资源时，就需要在互联网与企业内部之间建立一个安全的虚拟专用网络（VPN）通道。建立虚拟专用网络通道可通过 VPN 服务器实现。

远程接入 VPN：外地用户通过 ISP 连上互联网后，通过互联网与总公司的 VPN 服务器建立 VPN 连接，进行安全通信。网络拓扑图如图 1-8 所示。

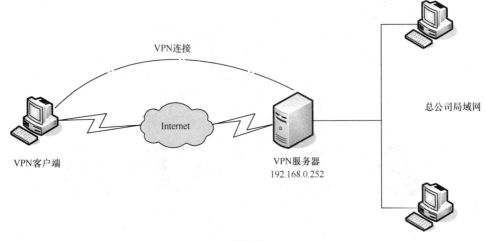

图1-8　远程接入VPN

局域网间 VPN：长沙分公司局域网和上海分公司局域网均连接到互联网，两个分公司局域网间要经由 Internet 进行安全通信,可以另两公司分别建立自己的 VPN 服务器,对数据进行加密后在 Internet 上进行通信。网络拓扑图如图 1-9 所示。

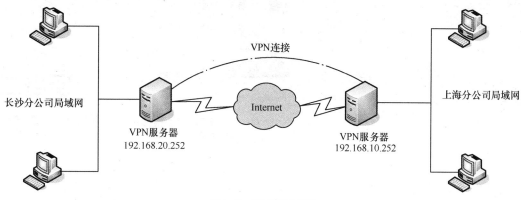

图1-9 局域网间VPN

### 8. Linux 集群技术

集群技术主要用来实现负载平衡,当总公司的服务器区的主服务器发生故障时,备份服务器自动接受主服务器的工作,承担主服务器的工作任务。假设总公司的 Web 服务器、E-mail 服务器、DNS 服务器等发生故障,应用虚拟的集群服务器(IP 地址:192.168.0.6)来承担相应服务器的工作任务,网络拓扑图如图 1-10 所示。

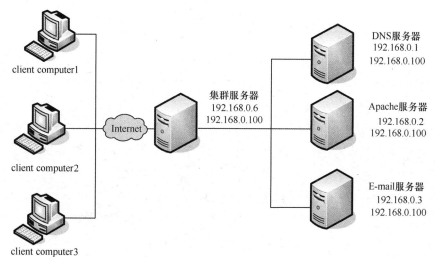

图1-10 集群服务器

## 1.2 软硬件资源要求

要实现整个项目,需要 2 台安装有 Red Hat Linux 7.0 以上版本操作系统的虚拟机或实体机,作为配置服务器使用。

另外,还需要客户端计算机 1~4 台,分别装有 Windows XP、Windows Server 2003、Windows 7 和 Red Hat Linux 系统。

# Chapter 2

## 项目二
## 安装 Linux 操作系统

# 项目二 安装 Linux 操作系统

## ■ 项目任务

- 安装 Red Hat Linux 7 操作系统。

## ■ 任务分解

- Linux 磁盘分区。
- 安装 Linux 操作系统。
- 修改管理员 root 用户密码。

## ■ 教学目标

- 掌握 Linux 操作系统的特点、应用领域及各版本区别。
- 掌握安装 Linux 操作系统的方法。
- 熟悉 Linux 操作系统图形界面的基本功能。

## 2.1 Linux 概述

Linux 是一个自由、免费、源码开放的操作系统,也是一个十分著名的开源软件,其最主要的目的就是为了建立不受任何商品化软件版权制约的、全世界都能使用的类 UNIX 兼容产品。Linux 的功能相当丰富,它可以作为服务器操作系统,也可以作为办公用的桌面系统,其功能与 Microsoft 公司推出的 Windows 操作系统相当。

### 2.1.1 特点

Linux 起源于古老的 UNIX。在 1969 年,贝尔实验室(AT&T)的系统程序设计人员 Ken Thompson(肯·汤普森)利用一台闲置的 PDP-7 计算机设计了一种多用户、多任务的操作系统。随后,Dennis Richie(丹尼斯·里奇)也加入了这个项目,他们共同努力,开发了最早的 UNIX。

早期的 UNIX 由汇编语言编写而成,但它在第 3 个版本时被使用 C 语言进行了重写。后来 UNIX 逐渐走出实验室并成为了主流操作系统之一,但是 UNIX 通常是企业级服务器或工作站等级的服务器上所使用的操作系统,而这些较大的计算机系统一般价格不菲,因此难以普及使用。

UNIX 强大的功能使得许多开发者希望在相对廉价的计算机上开发出具有相同功能并且免费的类 UNIX 操作系统。Linux 操作系统就是在这样的背景下出现的。

Linux 操作系统诞生于 1991 年 10 月,是由芬兰赫尔基大学计算机系学生 Linux Torvalds(林纽克斯·托瓦兹)开发的。他将 Linux 内核源代码公布到 Internet 上,使之成为开源的自由软件。开发 Linux 的初衷就是制作一个类 UNIX 操作系统,因此 Linux 是一个具有全部 UNIX 特征的操作系统。Linux 的命令与 UNIX 所使用的命令在名称、格式以及功能上都基本相同。从 1991 年 Linux 诞生到现在的 20 多年中,Linux 在世界各地计算机爱好者的共同努力下得到了迅猛的发展,才有了今天的辉煌。现在,使用 Linux 操作系统的人数仍在不断增长。而这些都与 Linux 的良好特性是分不开的。Linux 包括以下几个方面的特点。

**1. 自由软件**

首先，Linux 可以说是开放源码的自由软件的代表。作为自由软件，它有如下两个特点：一是它开放源码并对外免费提供；二是爱好者可以按照自己的需要自由修改、复制和发布程序的源码，并公布在 Internet 上，因此 Linux 操作系统可以从互联网上很方便地免费下载得到。由于可以得到 Linux 的源码，所以操作系统的内部逻辑可见，这样就可以准确地查明故障原因，及时采取相应对策。在必要的情况下，用户可以及时地为 Linux 打"补丁"，这是其他操作系统所没有的优势。同时，这也使得用户容易根据操作系统的特点构建安全保障系统，不用担心那些来自不公开源码的"黑盒子"式的系统预留"后门"的意外打击。当然，用户如果想阅读或修改 Linux 系统的源代码，必须具有相关的程序知识才可以。另一方面，Linux 上运行的绝大多数应用程序也是可以免费获取的。因此，使用 Linux 操作系统，可以省去使用其他操作系统所需的大笔费用。

**2. 极强的平台可伸缩性**

Linux 可以运行在 386 以上及各种 RISC 体系结构机器上。Linux 最早诞生于微机环境，一系列版本都充分利用了 X86CPU 的任务切换能力，使 X86CPU 的效能发挥得淋漓尽致，而这一点连 Windows 都没有做到。Linux 能运行在笔记本电脑、PC、工作站，甚至巨型机上，而且几乎能在所有主要 CPU 芯片搭建的体系结构上运行（包括 Intel/AMD 及 HP-PA、MIPS、PowerPC、UltraSPARC、ALPHA 等 RISC 芯片），其伸缩性远远超过了 NT 操作系统目前所能达到的水平。

**3. UNIX 的完整实现**

从发展的背景看，Linux 与其他操作系统的区别在于，Linux 是从一个比较成熟的操作系统（UNIX）发展而来的，UNIX 上的绝大多数命令都可以在 Linux 里找到并有所加强。我们可以认为它是 UNIX 系统的一个变种，因而 UNIX 的优良特点如可靠性、稳定性以及强大的网络功能，强大的数据库支持能力以及良好的开放性等都在 Linux 上一一体现了出来。在 Linux 的发展过程中，Linux 的用户能大大地从 Unix 团体贡献中获利，它能直接获得 Unix 相关的支持和帮助。

**4. 多任务多用户工作环境**

所谓的多用户，是指不同用户可以同时使用系统资源，每个用户对自己的资源（如文件、设备）有特定权限并且互不影响。而多任务是指计算机可以同时执行多个程序，并且各个程序之间相互独立运行。只有很少的操作系统能提供真正的多任务能力，尽管许多操作系统声明支持多任务，但并不完全准确，如 Windows。而 Linux 则充分利用了 X86CPU 的任务切换机制，实现了真正多任务、多用户环境，允许多个用户同时执行不同的程序，并且可以给紧急任务以较高的优先级。

**5. 友好的用户界面**

Linux 为用户提供了图形界面和字符界面两种操作界面。

Linux 的图形用户界面，即 X Window 系统。在 X Window 系统中，可以做微软系统 Windows 下的所有事情，而且更有趣、更丰富，用户甚至可以在几种不同风格的窗口之间来回切换。

Linux 的字符界面，即传统用户界面是基于文本的命令行——shell。用户通过在字符界面输入相关的配置命令来使用操作系统。

**6. 具有强大的网络功能**

实际上，Linux 就是依靠互联网才迅速发展起来的，所以 Linux 具有强大的网络功能也是自然而然的事情。它可以轻松地与 TCP/IP、LAN Manager、Windows for Workgroups、Novell

Netware 或 Windows NT 网络集成在一起，还可以通过以太网或调制解调器连接到 Internet 上。Linux 在通信和网络功能方面优于其他操作系统，其他操作系统不具备如此紧密地将内核结合在一起的网络连接能力。Linux 不仅能够作为网络工作站使用，更可以胜任各类服务器，如 X 应用服务器、文件服务器、打印服务器、邮件服务器、新闻服务器等。

#### 7. 开发功能强

Linux 支持一系列的 UNIX 开发，它是一个完整的 UNIX 开发平台，几乎所有的主流程序设计语言都已移植到 Linux 上并可免费得到，如 C、C++、Fortran77、ADA、PASCAL、Modual2 和 3. Tcl/TkScheme、SmallTalk/X 等。

#### 8. 安全性强

Linux 采用多安全技术保护系统安全，如带保护的子系统、核心授权、数据的读写权限、审计跟踪等，这为网络多用户环境中的用户提供了必要的保障。

#### 9. 可移植性强

Linux 可以从一个硬件平台移到另一个硬件平台，并保持正常运行。Linux 不受硬件平台的限制，可以在微型计算机、大型计算机等任何环境及任何平台中运行。Linux 的可移植性为 Linux 运行于不同计算机平台时与其他设备进行通信提供了准确、有效的保证，避免增加特殊且昂贵的通信接口。

### 2.1.2 Linux 内核（kernel）版本

Linux 有两种版本，一种是核心（kernel）版，一种是发行（distribution）版。其中，核心版是指 Linux 系统内核自身的版本号；发行版是指由不同的公司或组织将 Linux 内核与应用程序、文档组织在一起，构成的一个发行套装。

核心版的序号由三部分数字构成，其形式为 major.minor.patchlevel，其中，majoro 为主版本号，minor 为次版本号，二者共同构成了当前核心版本号。patchlevel 表示对当前版本的修订次数。例如，2.2.11 表示对核心 2.2 版本的第 11 次修订。根据约定，次版本号为奇数时，表示该版本加入新内容，但不一定稳定，相当于测试版；次版本号为偶数时，表示这是一个可以使用的稳定版本。鉴于 Linux 内核开发工作的连续性，内核的稳定版本与在此基础上进一步开发的不稳定版本总是同时存在的，建议采用稳定的核心版本。

内核所管理的一个重要资源是内存。Linux 支持虚拟内存，即计算机中运行的程序（程序代码、堆栈、数据）的总量可以超过实际内存的大小，操作系统将正在使用的程序保留在内存中运行，而其余的程序块则保留在硬盘中，由操作系统来负责程序在硬盘和内存空间中的交换。内存管理从逻辑上可以分为硬件相关部分及硬件无关部分，硬件相关部分为内存的硬件管理提供了虚拟接口，而硬件无关部分提供了进程的映射和逻辑内存的对换。内存管理的源代码存放在./linux/mm 中。

### 2.1.3 Linux 的发行版本

Linux 发行版，即为一般使用者预先整合好的 Linux 发行套装，一般使用者不需要重新编译；在直接安装之后，只需要小幅度更改设定就可以使用，通常以软件包管理系统来进行应用软件的管理。Linux 发行版通常包含了桌面环境、办公套件、媒体播放器、数据库等应用软件。这些操作系统一般由 Linux 内核以及来自 GNU 计划的大量函式库和基于 X Window 的图形界面组成。

由于大多数软件包是自由软件和开源软件，所以 Linux 发行版的形式多种多样——从功能齐全的桌面系统以及服务器系统到小型系统。除了一些定制软件（如安装和配置工具），发行版通常只是将特定的应用软件安装在一堆函式库和内核上，以满足特定使用者的需求。

Linux 发行版可以分为商业发行版和社区发行版。商业发行版较为知名的有 Fedora（Red Hat）、openSUSE（Novell）、Ubuntu（Canonical 公司）和 Mandriva Linux；社区发行版由自由软件社区提供支持，如 Debian 和 Gentoo；也有发行版既不属于商业发行版也不属于社区发行版，其中以 Slackware 最为众人所知。下面介绍一下各个发行版本的特点。

### 1. Red Hat

Red Hat，应该称为 Red Hat 系列，包括 RHEL（Red Hat Enterprise Linux，也就是所谓的 Red Hat Advance Server 收费版本）、FedoraCore（由原来的 Red Hat 桌面版本发展而来，免费版本）、CentOS（RHEL 的社区克隆版本，免费）。Red Hat 应该是国内使用人数最多的 Linux 版本，甚至有人将 Red Hat 等同于 Linux。这个版本的特点是用户数量大，资料非常多，而且网上的 Linux 教程一般都是以 Red Hat 为例来讲解的。Red Hat 系列的包管理方式采用的是基于 RPM 包的 YUM 包管理方式，包分发方式是编译好的二进制文件。稳定性方面 RHEL 和 CentOS 的稳定性非常好，适合于服务器使用，但是 Fedora Core 的稳定性较差，最好只用于桌面应用。

### 2. Debian

Debian，或者称 Debian 系列，包括 Debian 和 Ubuntu 等。Debian 是社区类版本 Linux 的典范，是迄今为止最遵循 GNU 规范的 Linux 系统。Debian 最早由 Ian Murdock 于 1993 年创建，分为三个版本分支：stable，testing 和 unstable。其中，unstable 为最新的测试版本，它包括最新的软件包，但是也有相对较多的 bug，适合桌面用户。testing 的版本经过 unstable 中的测试，相对较为稳定，也支持了不少新技术（如 SMP 等）。而 stable 版本一般只用于服务器，当中的软件包大部分都比较过时，但是稳定性和安全性都非常高。Debian 安装简单方便，可以通过光盘、软盘、网络等多种方式进行安装。Debian 的资料也很丰富，有很多支持的社区。

### 3. Ubuntu

Ubuntu 严格来说不能算作一个独立的发行版本，Ubuntu 是基于 Debian 的 unstable 版本加强而来的，可以说 Ubuntu 就是一个拥有 Debian 所有的优点，以及自己所加强的优点的近乎完美的 Linux 桌面系统。与大多数发行版附带数量巨大的软件不同，Ubuntu 的软件包清单只包含高质量的重要应用程序。根据桌面系统的不同，Ubuntu 有三个版本可供选择，基于 Gnome 的 Ubuntu，基于 KDE 的 Kubuntu 以及基于 Xfc 的 Xubuntu。Ubuntu 可分为桌面版和服务器版。桌面版可实现分发表单、查阅电子邮件、浏览网页等许多操作；服务器版建立在稳健的 Debian 服务器版本之上，具有稳定、安全的平台，可运行最好的自由软件。Ubuntu 的特点是界面非常友好，容易上手，对硬件的支持非常全面，是最适合做桌面系统的 Linux 发行版本。

### 4. Gentoo

Gentoo，伟大的 Gentoo 是 Linux 世界最年轻的发行版本，正因为年轻，所以能吸取在它之前的所有发行版本的优点，这也是 Gentoo 被称为最完美的 Linux 发行版本的原因之一。

### 5. FreeBSD

FreeBSD，需要强调的是 FreeBSD 并不是一个 Linux 系统，但 FreeBSD 与 Linux 的用户群

有相当一部分是重合的，二者支持的硬件环境也比较一致，所采用的软件也比较类似，所以可以将 FreeBSD 视为一个 Linux 版本来比较。

FreeBSD 拥有两个分支：stable 和 current。顾名思义，stable 是稳定版，而 current 则是添加了新技术的测试版。FreeBSD 采用 Ports 包管理系统，与 Gentoo 类似，基于源代码分发，必须在本地机器编译后才能运行。FreeBSD 的最大特点就是稳定和高效，是作为服务器操作系统的最佳选择，但对硬件的支持没有 Linux 完备，所以并不适合作为桌面系统。

### 2.1.4 Linux 的应用领域

Linux 从诞生到现在，已经在各个领域得到了广泛应用，显示出了强大的生命力，其优异的性能、良好的稳定性、低廉的价格和开放的源代码，给全球的软件行业带来了巨大的影响。

Linux 的应用领域主要可以分为三类：服务器、桌面和嵌入式领域。

**1．桌面领域**

在桌面领域中，Windows 占有绝对优势，其友好的界面、易操作性和多种多样的应用程序是 Linux 所匮乏的，所以 Linux 的长处在于服务器和嵌入式两个方向。随着 Linux 操作系统在图形用户接口方面和应用软件方面的发展，Linux 在桌面应用方面得到了显著的提高，现在完全可以作为一种集办公应用、多媒体应用、网络应用等多方面功能为一体的图形界面操作系统。

**2．服务器领域**

在网络服务器方面，Linux 的市场占有率是最高的。并且，由于 Linux 内核具有稳定性、开放源代码等特点，使用者不必支付大笔费用，Linux 获得了戴尔、SUN、IBM 等世界著名厂商的支持。作为服务器操作系统，更被看重的是稳定性、安全性、高效以及网络性能，Linux 操作系统在这些方面都表现优秀，所以 Linux 操作系统在服务器领域的应用会越来越广泛。

**3．嵌入式领域**

嵌入式 Linux 是按照嵌入式操作系统的要求设计的一种小型操作系统，由一个 Kernel（内核）及一些根据需要进行定制的系统模块组成。Kernel 一般只有几百 KB，即使加上其他必需的模块和应用程序，所需的存储空间也很小。一个小型的嵌入式 Linux 系统只需要引导程序、Linux 微内核、初始化进程 3 个基本元素。目前，对嵌入式 Linux 系统的开发正在蓬勃兴起，并已形成了很大的市场。除了一些传统的 Linux 公司，像 Red Hat、VA Linux 等正在从事嵌入式 Linux 的研究之外，一批新公司（如 Lineo、TimeSys 等）和一些传统的大公司（如 IBM、SGI、Motorola、Intel 等）以及一些开发专用嵌入式操作系统的公司（如 Lynx）也都在进行嵌入式 Linux 的研究和开发。由于 Linux 具有对各种设备的广泛支持性，因此，它能方便地应用于机顶盒、IA 设备、PDA、掌上电脑、WAP 手机、寻呼机、车载盒以及工业控制等智能信息产品中。与 PC 相比，手持设备、IA 设备以及信息家电的市场容量要高得多，而 Linux 嵌入式系统强大的生命力和利用价值，使越来越多的企业和高校对它表现出了极大的研发热情。

**4．云计算领域**

长期以来，Linux 系统一直备受云计算青睐。云计算中一个最重要的组件就是虚拟化。目前虚拟化比较出名的几款软件，如 VMware、Xen、KVM 都是以 Linux 为核心。Eucalyptus、Cloudstack、Openstack 这些开源软件所涉及的很多组件都是基于 Linux 的。随着云计算的发展，越来越多的公司或者研发机构，都是在利用一些开源的系统，而 Linux 作为开源鼻祖，其重要性不言而喻。

## 2.2 Red Hat Enterprise Linux 的安装

要构建 Linux 服务器，必须先安装 Linux 操作系统，红帽 Linux 操作系统在全球得到广泛应用，本教程服务器的构建应用红帽的 Linux 操作系统作为支撑。

Red Hat Enterprise Linux 7.0（RHEL7.0）是 redhat 公司于 2014 年 6 月 11 日发布的。该版本在裸服务器、虚拟机、IaaS 和 PaaS 方面都得到了加强，更可靠以及更强大的数据中心环境可满足各种商业要求。RHEL 7 为企业提供了一个内聚的、统一的基础设施架构以及最新的服务环境，包括 Linux 容器、大数据以及跨物理系统、虚拟机和云的混合云平台。本节就 Red Hat Enterprise Linux 7.0 的安装和管理进行简介。

### 2.2.1 安装前的准备

在安装 Linux 操作系统前，首先需要注意一些基本问题，并对整个安装过程进行规划，才能保证操作系统的成功安装。

**1. 硬件要求**

早期的 Linux 只支持少数显卡、声卡，随着 Linux 这些年的发展，内核不断完善，Linux 已经可以支持大部分的主流硬件。

用较低的系统配置提供高效的系统服务是 Linux 设计的初衷之一，所以安装 Linux 没有严格的系统配置要求。

以下为 Red Hat Enterprise Linux 7.0 安装的基本配置要求。

（1）处理器（CPU）

CPU 采用 Pentium III 或更高性能的处理器。如果只使用文本模式，建议使用的 CPU 等级为 1GB；如果需要使用图形模式，建议使用 1.5GB 的 CPU。

（2）内存

文本模式推荐使用 512MB 或更大的内存。用户所安装的服务包越多，被服务的客户端越多，则所需的内存就会成倍增加，支持的内存上限是 64TB。

（3）硬盘

所需硬盘空间视安装的软件包和数量而定，如要全部安装则需 9GB 的硬盘空间，支持的容量上限为 500TB。

**2. 系统硬件设备型号**

安装操作系统时必须要考虑的一个问题是硬件的兼容性，Red Hat Enterprise Linux 7.0 对于大多数知名厂商按国际标准生产的计算机硬件都可以兼容，而少数没有按国际标准生产的"杂牌"产品，是否可以支持 Red Hat Enterprise Linux 7.0 需要进行兼容测试。我们可以在选购硬件设备的时候去查看 redhat 网站提供的经过兼容性测试和认证的"硬件兼容性列表"（网址为 https://hardware.redhat.com），以确定自己的配置是否在清单之中。

**3. 与其他操作系统并存的问题**

Linux 支持在一个计算机中安装多个操作系统，它通过 GRUB（Grand Unified Boot Loader）多重启动管理器来管理操作系统的并存问题，保证各操作系统可正常引导启动。它可以引导 Linux、DOS、OpenBSD 和 Windows 等操作系统。在计算机启动时，GRUB 将提供菜单让用户选择需要启动的系统。GRUB 的菜单配置文件 grub.conf 位于/boot/grub 目录下，用户可以手动修改它。

### 4. 安装方式

Linux 系统与 Windows 系统一样，可以采用多种安装方式，主要支持光盘安装、硬盘安装、网络安装三种方式。

（1）光盘安装

直接通过安装光盘进行安装，是最简单、最方便的一种方式，推荐初学者使用这种方式。在这种方式中，用户只需设置计算机从光驱引导，把安装光盘放入光驱，重新引导系统，在安装界面选择 Enter 键，即可进入图形化的安装界面。

（2）硬盘安装

在没有 Linux 安装光盘的情况下，可将网上下载的 Linux 的 ISO 镜像文件复制到硬盘上进行安装。启动镜像文件中的系统安装程序，按照程序提示步骤安装即可。

（3）网络安装

可以访问存有 Linux 安装文件的远程 FTP、远程 HTTP、远程 NFS 服务器，进行网络安装。

### 5. 硬盘分区和文件系统

在安装 Linux 操作系统之前，首先应该了解一些关于硬盘分区和文件系统的知识，以利于顺利安装 Linux 操作系统。

硬盘在使用前要进行分区，硬盘分区主要分为基本分区（primary partion）和扩展分区（extension partion）两种。基本分区和扩展分区的数目之和不能大于 4 个，且基本分区可以马上被使用但不能再分区，而扩展分区则必须在进行逻辑分区后才能使用。逻辑分区没有数量限制，即一个扩展分区可以分成 N 个逻辑分区。

在 Linux 操作系统中用户使用设备名访问设备，硬盘也是如此。

对于 IDE 硬盘，驱动器标识符为"hdx～"，其中"hd"表明分区所在设备的类型为 IDE 硬盘，"x"代表盘号（a 代表基本盘，b 为基本从属盘，c 为辅助主盘，d 为辅助从属盘），"～"代表分区，用数字 1 到 4 表示前 4 个分区，它们是主分区或扩展分区，从 5 开始是逻辑分区，如"hda5"表示系统的第一个 IDE 接口硬盘的第 5 个分区。

对于 SCSI 硬盘，驱动器的标识符则为"sdx～"，其中"sd"表明分区所在设备的类型为 SCSI 硬盘，其余则和 IDE 硬盘的表示方法一样。

在 DOS 或 Windows 操作系统中使用盘符来代表不同的分区，如图 2-1 所示，本机的 Windows 系统有四个分区，分别用字母 C、D、E、F 表示。

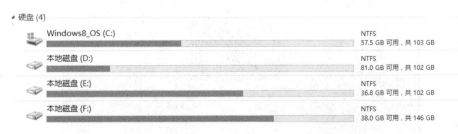

图2-1 Windows分区

对于 Red Hat Enterprise Linux 7.0 操作系统，无论有多少个分区，无论分配给哪一个目录使用，最终都只有一个根目录，所有的分区及文件都位于根目录下。

目前的操作系统都采用了虚拟内存技术，Windows 操作系统使用交换文件实现这一技术，而 Linux 系统使用的是交换分区技术。因此，安装 Windows 操作系统时只需要一个分区即可，而 Linux 操作系统的安装至少需要两个分区：一个是根分区，另外一个则是交换分区（Swap Space）。

文件系统在操作系统中的功能主要用于定义磁盘上存储文件的方法和数据结构，是操作系统组织、存取和保护信息的重要手段。每种操作系统都有自己的文件系统。Windows 的文件系统主要有 FAT16、FAT32 以及 NTFS，而 Linux 操作系统所支持的文件系统有 ext2、ext3 以及 ext4 等。

#### 6. Linux 的分区方案

安装 Linux 操作系统时，需要在硬盘上建立 Linux 所使用的分区，建议至少有三个分区。

（1）/boot 分区

/boot 分区用于引导系统，包含了操作系统的内核和在启动系统过程中所要用到的文件，建议该分区的大小为 100MB。

（2）根分区 --/

Linux 将大部分的系统文件和用户文件都保存在根分区中，一般要求大于 5GB，如果硬盘空间足够大，那么可以按需求增大根分区空间。

（3）swap 分区

swap 分区的作用是实现虚拟内存，其大小通常是物理内存的 2 倍左右。

### 2.2.2 安装 Red Hat Enterprise Linux 7.0

本节将介绍在一台全新的、没有安装其他操作系统的计算机中，如何通过安装光盘安装 Red Hat Enterprise Linux 7.0。

#### 1. 设置 BIOS 从光驱启动

打开计算机，在 BIOS 中设置计算机的第一启动方式为光驱启动，如图 2-2 所示（不同版本的 BIOS 设置方式有所不同，请参见主板说明书设置）。

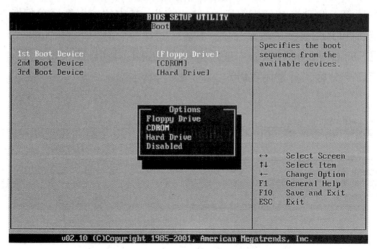

图2-2 在BIOS中设置光驱启动优先

## 2. 选择安装模式

保存 BIOS 设置并退出后，将 Red Hat Enterprise Linux 7.0 的安装光盘放入光驱，成功引导系统后，出现图 2-3 所示界面，有三个选项供用户选择。

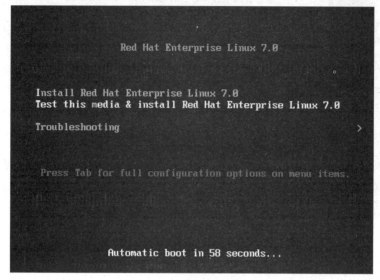

图2-3　安装模式界面

界面说明：
Install Red Hat Enterprise Linux 7.0　//安装 RHEL 7.0
Test this media & install Red Hat Enterprise Linux 7.0 //测试安装文件并安装 RHEL 7.0
Troubleshooting //修复故障

这里选择第一项，安装 RHEL 7.0，按回车键，进入图 2-4 所示的界面，默认开始进入安装进程。

图2-4　系统提示信息

## 3. 选择语言

使用鼠标选择想在安装中使用的语言。一般情况下，选择"简体中文"或"繁体中文"，当然，你也可以根据自己的喜好选择语言。语言选择界面如图 2-5 所示。

## 4. 安装信息摘要

在安装信息摘要界面时，可根据界面上的按钮进行相应的设置。界面总体分为三个部分，7个选项按钮。

本地化：日期和时间、语言支持、键盘。

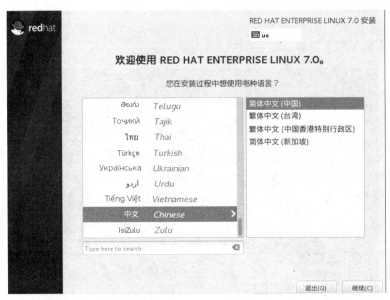

图2-5 语言选择界面

软件：安装源、软件选择。

系统：安装位置、网络和主机名。

当出现警告符号标记时，该按钮是强制的，页面底部会出现一条注释警告，用户必须完成这部分的配置才可继续安装。

图 2-6 所示为软件安装源已定位至本地介质，安装位置为已选择自动分区（可单击"安装位置"按钮，自行定义分区，如果初学者对在系统上分区信心不足，建议不要选择手工分区，而是让安装程序自动分区）。

图2-6 安装摘要信息界面

这里单击"软件选择"按钮进入软件选择界面,设置安装"带 GUI 的服务器",如图 2-7 所示。

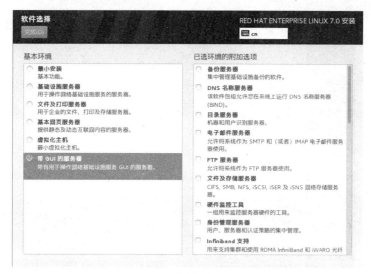

图2-7 软件选择界面

单击"网络和主机名"按钮进入"网络和主机名"界面,如图 2-8 所示,可见连接名称为"eno16777736",单击"配置"按钮,在弹出的对话框中修改连接名称为"eth0",也可在对话框的"IPv4 设置"页面设置 IP,设置完毕后保存并退出。

图2-8 "网络和主机名"界面

退回安装信息摘要界面,单击"开始安装"按钮,进入图 2-9 所示的安装界面。

### 5. 密码设置

安装完成后,可单击"ROOT 密码"按钮,进入 ROOT 密码设置界面设置密码,如图 2-10 所示。设置 ROOT 口令是安装过程中最重要的步骤之一。ROOT 账户与 Windows 系统中的管理员账号类似。ROOT 账户被用来安装软件包、升级 RPM 以及执行多数系统维护工作。ROOT 账户对系统有绝对的控制权。建议创建非 ROOT 账户来进行日常工作，只有在进行系统管理时才使用 ROOT 账户。

图2-9 安装界面

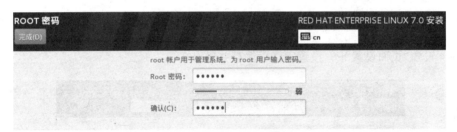

图2-10 ROOT密码设置界面

### 6. 创建用户

如需创建用户，在安装信息摘要界面，单击"创建用户"按钮，进入"创建用户"界面，如图 2-11 所示，设置用户名、密码。

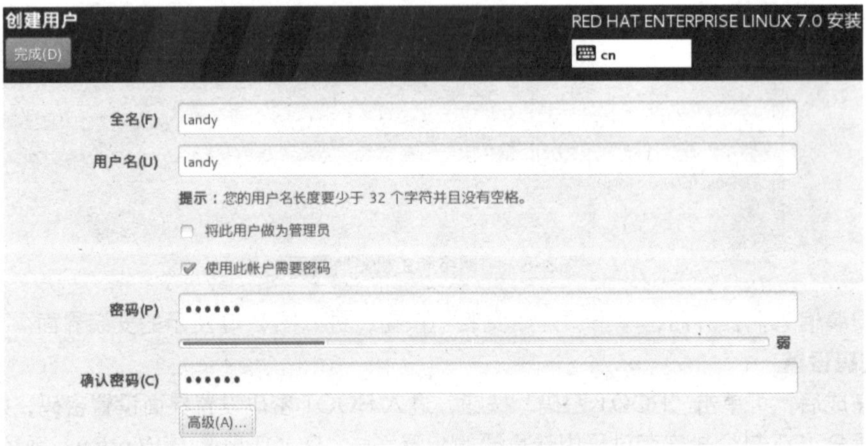

图2-11 "创建用户"界面

单击"高级"按钮,弹出"高级用户配置"界面,可在此设置用户的主目录,用户和组 ID 等,如图 2-12 所示。

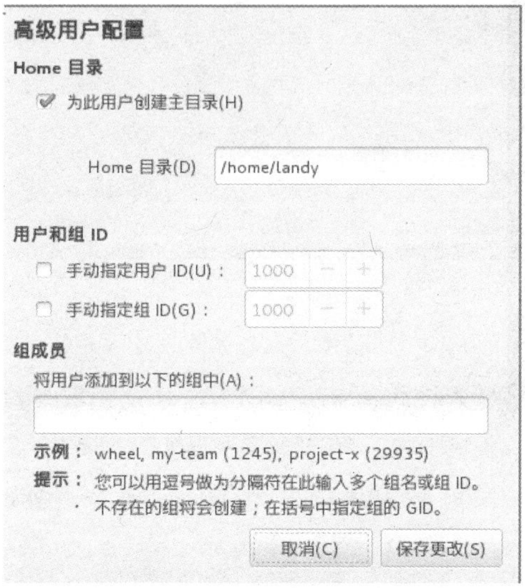

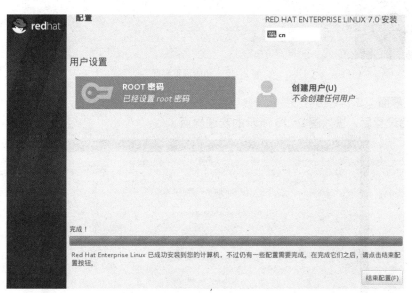

图2-12 "高级用户配置"界面

### 7. 完成安装

设置完成后,单击"结束配置"按钮,如图 2-13 所示。

图2-13 配置界面

全部安装完成后,系统提示重启,此时就完成了全部安装,如图 2-14 所示。

### 8. 初始设置

重启后,进入初始设置界面,如图 2-15 所示,单击"许可信息"按钮,进入许可信息页面,同意许可协议,完成配置。也可在初始设置界面创建用户。

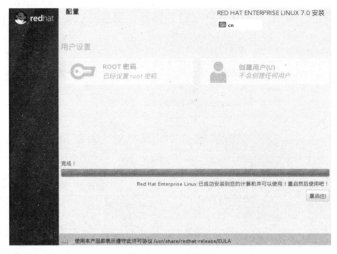

图2-14 完成界面

图2-15 初始设置界面

### 9. 欢迎界面

完成初始设置后，进入图2-16所示的欢迎界面。

图2-16 欢迎界面

## 10. 输入源

在图 2-17 的输入源界面中选择默认的汉语。

图2-17　输入源界面

## 11. 建立本地账号

在建立本地账号界面，设置本地账号的全名、用户名及密码，如图 2-18 所示。

图2-18　本地账号界面

## 12. 位置

在位置界面，使用默认的位置 Shanghai，如图 2-19 所示。

图2-19 位置界面

**13. 完成**

所有配置完成后,进入图 2-20 所示的系统桌面。

图2-20 系统桌面

### 2.2.3 删除 Red Hat Enterprise Linux 7.0

删除 Red Hat Enterprise Linux 7.0 分为两种情况:一种情况是 Linux 操作系统没有与其他系统共存并且不需要保留硬盘上的数据,则可将整个硬盘格式化后重新建立分区;另一种情况是 Linux 操作系统与其他操作系统共存时,启动的决定权由 GRUB 引导程序来确定,则不能直接将硬盘格式化,需要使用 Windows 工具盘中的 fdisk 命令将 GRUB 程序删除,并重新建立分区表,再使用 Windows 的磁盘管理工具将 Linux 分区删除。通过上述操作,Linux 操作系统将完全从本机中删除,并且不会影响 Windows 操作系统的操作。

## 2.3 在虚拟机中安装 Red Hat Enterprise Linux 7.0

在虚拟机中可以安装多个操作系统,并且可以在相互之间切换使用,方便用户进行实验操作。同时,在虚拟机中安装操作系统与在真实计算机中进行安装的步骤基本相同。

### 2.3.1 虚拟机简介

虚拟机（Virtual Machine）指通过软件模拟的具有完整硬件系统功能的、运行在一个完全隔离环境中的完整计算机系统。

通过虚拟机软件，你可以在一台物理计算机上模拟出另一台或多台虚拟的计算机，这些虚拟机完全就像真正的计算机那样进行工作，例如你可以安装操作系统、安装应用程序、访问网络资源等。对于用户而言，它只是运行在用户物理计算机上的一个应用程序；但是对于在虚拟机中运行的应用程序而言，它就是一台真正的计算机。因此，当用户在虚拟机中进行软件评测时，可能系统一样会崩溃；但是，崩溃的只是虚拟机上的操作系统，而不是物理计算机上的操作系统。

通常，运行虚拟机软件的操作系统被称为宿主操作系统，而在虚拟机里运行的操作系统被叫作客户操作系统。

虚拟机软件在一台计算机上可模拟出若干台 PC 运行单独的操作系统而互不干扰，这样就能实现一台计算机"同时"运行几个操作系统，可以将这几个拥有独立操作系统的 PC 连成一个网络做网络测试实验。

由于虚拟机是将两台以上计算机的任务集中在一台计算机上执行，所以对硬件的要求比较高，主要是 CPU、硬盘和内存。目前计算机的 CPU 多数在 Pentium IV 以上，硬盘都是几百 GB，这样的配置已经完全能满足要求。关键是内存的配置，内存的需求等于多个操作系统需求的总和。现在内存的价格也很便宜，更不会成为使用的障碍。

### 2.3.2 VMware 与 Virtual PC

目前流行的虚拟机软件主要有 VMware（VMWare ACE）和 Virtual PC，它们都能在 Windows 系统上虚拟出多个计算机。

#### 1. VMware

VMware，知名的虚拟机软件。它的产品可以使你在一台机器上同时运行两个或更多的 Windows、DOS、LINUX 系统。与"多启动"系统相比，VMWare 采用了完全不同的概念。多启动系统在一个时刻只能运行一个系统，在系统切换时需要重新启动机器。VMWare 是真正"同时"运行多个操作系统，就像标准 Windows 应用程序那样切换。每个操作系统用户都可以进行虚拟的分区、配置，而且不影响真实硬盘的数据，甚至可以通过网卡将几台虚拟机连接为一个局域网，极其方便。安装在 VMware 中的操作系统的性能比直接安装在硬盘上的系统低不少，因此，比较适合学习和测试。

Vmware 主要产品分为面向企业的 VMware ESX Server 和 VMware GSX Server，以及面向个人用户的 VMware Workstation。其中，VMware ESX Server 本身就是一个操作系统，它通常被用来管理硬件资源，而所有的系统都安装在它的上面，可以完成远程 Web 管理和客户端管理；VMware GSX Server 需要安装在操作系统之上，同样也可以实现远程 Web 管理和客户端管理；而 VMware Workstation 也需要安装在操作系统之上，但是不具备远程 Web 管理和客户端管理的功能。

VMWare 网络设置提供了三种工作模式，它们是 bridged（桥接模式）、NAT（网络地址转换模式）和 host-only（主机模式）。要想在网络管理和维护中合理应用它们，就应该先了解一下这三种工作模式。

bridged（桥接模式）：这种方式最简单，直接将虚拟网卡桥接到一个物理网卡上面，类似于虚拟机下一个网卡绑定两个不同地址，实际上是将网卡设置为混杂模式，从而达到侦听多个 IP 的能力。在此种模式下，虚拟机内部的网卡（如 Linux 下的 eth0）直接连到了物理网卡所在的网络上，可以想象为虚拟机和 host 机处于对等的地位，在网络关系上是平等的。使用桥接模式的虚拟系统和宿主机器的关系，就像连接在同一个 Hub 上的两台计算机。

host-only（主机模式）：在某些特殊的网络调试环境中，要求将真实环境和虚拟环境隔离，这时可采用 host-only 模式。在 host-only 模式中，所有的虚拟系统是可以相互通信的，但虚拟系统和真实的网络是被隔离开的，它们就相当于两台机器通过双绞线互连。在这种模式下，虚拟系统的 TCP/IP 配置信息（如 IP 地址、网关地址、DNS 服务器等），都是由 VMnet1（host-only）虚拟网络的 DHCP 服务器来动态分配的。如果你想利用 VMWare 创建一个与网内其他机器相隔离的虚拟系统，进行某些特殊的网络调试工作，可以选择 host-only 模式。

NAT（网络地址转换模式）：使用 NAT 模式，就是让虚拟系统借助 NAT（网络地址转换）功能，通过宿主机器所在的网络来访问公网。也就是说，使用 NAT 模式可以实现在虚拟系统里访问互联网。采用 NAT 模式最大的优势是虚拟系统接入互联网非常简单，用户不需要进行任何其他的配置，只需要宿主机器能访问互联网即可。如果用户想利用 VMware 安装一个新的虚拟系统，在虚拟系统中不用进行任何手动配置就能直接访问互联网，建议采用 NAT 模式。

### 2. Virtual PC

Virtual PC 原来是 Connectix 公司的虚拟机产品，但在 2003 年 2 月被微软公司收购。微软在收购 Connectix 公司后，很快发布了新的虚拟机产品 Microsoft Virtual PC。

Virtual PC 目前最新版本是 Virtual PC 2007。Virtual PC 2007 是一个虚拟化或模拟程序，可在用户的计算机上创建虚拟计算机。虚拟机可与主机共享以下系统资源：随机存取内存（RAM）、硬盘空间和中央处理器（CPU）。用户可使用的主要优点是能够以任何顺序安装操作系统，无需进行磁盘分区。用户可以在用户的桌面上最小化或展开虚拟 PC 窗口，就像对程序或文件夹进行此操作一样，并且可以在该窗口和其他窗口之间切换。用户也可以在虚拟机上安装程序，向虚拟机中保存文件，并暂停虚拟机，以便使它停止使用主机上的计算机资源。

### 3. VMware 与 Virtual PC 的区别

（1）VMware 没有模拟显卡，要通过 VMware-tools 才能得到高分辨率和真彩色的显示结果，否则只能用 VGA。而 Virtual PC 模拟了一个比较通用的显卡：S3 Trio 32/64（4M）。从这一点看，Virtual PC 比 VMware 通用，但显示性能不如 VMware。因为 Virtual PC 模拟了显卡，所以通用性很强。

（2）Virtual PC 的网络共享方式与 VMware 不同。VMware 是通过模拟网卡实现网络共享的，而 Virtual PC 是通过在现有网卡上绑定 Virtual PC emulated switch 服务实现网络共享的。对于 win2000/xp 等操作系统，如果网线没插或没有网卡的时候，要安装 Microsoft 的 loopback 软网卡，才能实现网络共享。在 Virtual PC 的 global setting 里，当有网卡并插好网线的时候，将 Virtual switch 设置成现实的网卡；当没有网卡或网线没插的时候，将 Virtual switch 设置成 ms loopback 软网卡，即可实现网络共享。

### 2.3.3 获得及安装 VMware Workstation

书中所使用的虚拟机软件是 VMware Workstation 11。

VMware Workstation 11 在性能方面做出了全新的提升与优化，延续了 VMware 的传统，即提供技术专业人员每天在使用虚拟机时所依赖的领先功能和性能。允许专业技术人员在同一个 PC 上同时运行多个基于 x86 的 Windows、Linux 和其他操作系统以开发、测试、演示和部署软件。您可以在虚拟机中复制服务器、台式机和平板计算机环境，并为每个虚拟机分配多个处理器核心、千兆字节的主内存和显存，而无论虚拟机位于个人 PC 还是私有企业云中。借助对最新版 Windows 和 Linux、最新的处理器和硬件的支持以及连接到 VMware vCloud Air 的能力，它是提高工作效率、节省时间和征服云计算的完美工具。VMware Workstation 11 的安装过程比较简单，双击安装文件后，按照弹出框的提示选择合适的选项进行安装。安装完毕可看到图 2-21 所示的软件界面。

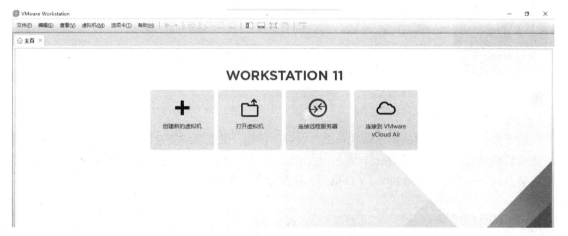

图2-21　VMware Workstation 11界面

在 VMware Workstation 安装完成后，默认没有配置虚拟计算机，更不用说操作系统，所以需要用户先创建虚拟计算机，再在虚拟计算机中安装操作系统。

如需要在 VMware Workstation 1 中创建虚拟机安装 Red Hat Enterprise Linux 7.0，则需要准备 Red Hat Enterprise Linux 7.0.iso 镜像光盘。启动 VMware Workstation 11，在弹出的界面中，单击"创建新的虚拟机"，如图 2-22 所示。

图2-22　VMware Workstation 11界面——创建虚拟机

在弹出的"欢迎使用新建虚拟机向导"页面中,选择"标准(推荐)"类型进行配置,如图 2-23 所示。在"新建虚拟机向导"页面中,定位安装盘镜像文件所在目录,如图 2-24 所示。

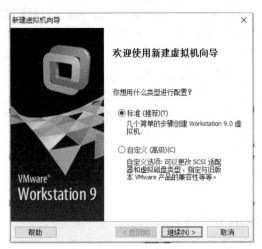 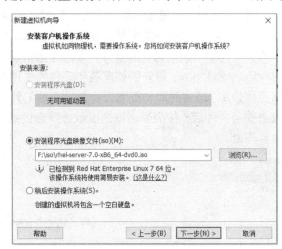

图2-23　新建虚拟机向导配置界面　　　　图2-24　新建虚拟机镜像文件界面

接下来,用户只需根据提示依次单击"继续"按钮,设置系统安装路径及磁盘大小即可。最后虚拟机启动后,开始进行 Red Hat Enterprise Linux 7.0 的安装,安装步骤与在真实的计算机上安装 Red Hat Enterprise Linux 7.0 相同,这里就不再赘述。

## 2.4　项目实训

**一、实训任务**

在虚拟机 VMware Workstation 11 中安装 Red Hat Enterprise Linux 7.0。

**二、实训目的**

通过本节操作,掌握虚拟机的操作及安装 Red Hat Enterprise Linux 7.0 的步骤。

**三、实训步骤**

STEP 1　启动 VMware Workstation 11,单击"创建新的虚拟机",如图 2-25 所示。

图2-25　VMware Workstation 11界面

STEP 2 在弹出的"欢迎使用新建虚拟机向导"页面中,选择"标准(推荐)"类型进行配置,如图2-26所示。在"新建虚拟机向导"页面中,保持"稍后安装操作系统"单选按钮的选中状态,如图2-27所示。

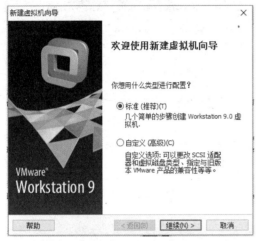

图2-26 新建虚拟机向导配置界面

图2-27 新建虚拟机镜像文件界面

STEP 3 在"选择客户操作系统"界面,客户机操作系统选择"Linux"单选按钮,版本下拉列表中选中"Red Hat Enterprise Linux 7 64位",如图2-28所示。

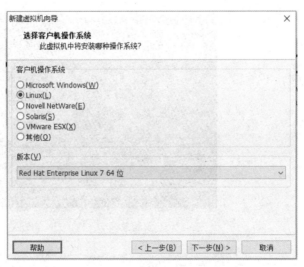

图2-28 选择客户操作系统界面

STEP 4 在"虚拟机名称"界面,虚拟机名称默认为"Red Hat Enterprise Linux 7 64位",设置安装位置如图2-29所示。

STEP 5 指定虚拟机占用的磁盘空间,如图2-30所示。

STEP 6 单击"继续"按钮,完成虚拟机的初始设置,进入图2-31所示界面,单击"开启此虚拟机"。

图2-29 设置虚拟机存放路径　　　　图2-30 磁盘容量设置界面

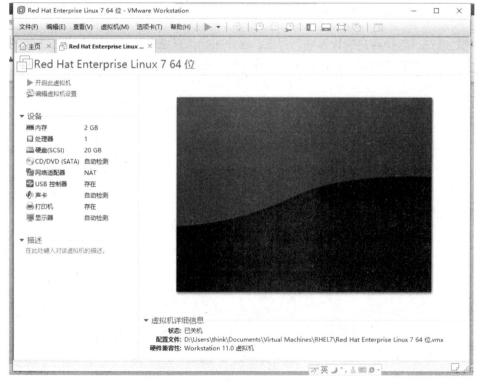

图2-31 虚拟机界面

**STEP 7** 虚拟机经过一系列的启动流程，进入安装界面开始安装，如图2-32所示。

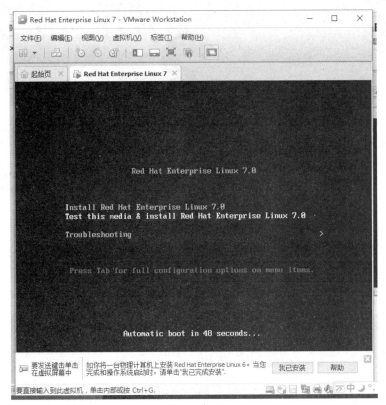

图2-32　安装界面

**STEP 8** 安装完毕后，进入图 2-33 所示的 Red Hat Enterprise Linux 7.0 的桌面。

图2-33　RHEL7.0桌面

# Chapter 3

## 项目三
## Linux 基础操作与文档编辑

# 项目三 Linux 基础操作与文档编辑

## ■ 项目任务

使用 rpm、yum 安装包,并应用 vim 编辑器或 vi 编辑器对文档进行基础操作。

## ■ 任务分解

- 使用 Linux 常用基础命令完成一些基本配置。
- 使用 vi 编辑器或 vim 编辑器对文档进行基础操作。

## ■ 教学目标

- 掌握 Linux 常用基础命令的使用。
- 掌握 vi 编辑器或 vim 编辑器的使用。

## 3.1 Linux 基础操作

公司中有一台已经安装好 Linux 操作系统的主机,管理员用户要对该 Linux 操作系统进行管理,如要编辑文件,实现软件包管理、开启相应的服务等。这需要系统管理人员熟悉 Linux 操作系统常用的基础命令,从而对系统、服务或一些文件进行管理。

### 3.1.1 Linux 系统终端

#### 1. 字符终端

字符终端为用户提供了一个标准的命令行接口,在字符终端窗口中,如图 3-1 所示,会显示一个 shell 提示符,通常为#。

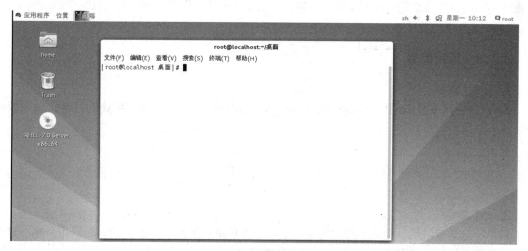

图3-1 字符终端窗口

用户可以在提示符后输入带有选项和参数的字符命令,并能够在终端窗口中看到命令的运行结果,此后,将会出现一个新的提示符,标志着新命令行的开始。

字符终端窗口中出现的 shell 提示符因用户不同而有所差异,普通用户的命令提示符为"$",超级管理员用户的命令提示符为"#"。

### 2. 虚拟终端

Linux 操作系统能够实现多用户登录，不同的用户可以同时通过虚拟终端窗口登录访问系统资源。

系统有 5 个字符模式的虚拟终端窗口，通过 Ctrl+Alt+（F1~F6）组合键进行切换，其中 Ctrl+Alt+F1 从字符虚拟终端窗口切换到图形化界面窗口，或者在字符模式的虚拟终端中输入 startx 切换进入到图形界面窗口。

## 3.1.2 Linux 命令基础

Linux 系统中的命令是区分大小写的，命令格式如下所示：

命令名［选项］［参数］

例如：shutdown -h now

注意：命令名、选项与参数、参数与参数间必须用空格分开。

### 1. Tab 键

在命令行中，可以使用 Tab 键来自动补齐命令，即只需输入命令的前几个字母，然后按下 Tab 键，系统将自动补齐该命令，若命令不止一个，则显示出所有和输入字符相匹配的命令。

按 Tab 键时，如果系统只找到一个和输入字符相匹配的目录或文件，则自动补齐；如果没有匹配的内容或有多个相匹配的名字，系统将发出警鸣声，再按一下 Tab 键将列出所有相匹配的内容，以供用户选择。

### 2. 向上和向下光标键

利用向上或向下的光标键，可以翻查曾经执行过的历史命令。

如果要在一个命令行上输入和执行多条命令，可以使用分号来分隔命令，例如："cd /;ls"；要使程序以后台方式执行，只需在要执行的命令后跟上一个"&"符号即可，例如："find / –name httpd.conf &"。

## 3.1.3 常用命令

### 1. pwd 命令

pwd 命令用于显示用户当前所在的目录。如果用户不知道自己当前所处的目录，就可以使用这个命令获得当前所在目录。

例如：

```
[root@localhost ~]# pwd
/root
```

### 2. cd 命令

用户在登录系统后，会处于用户的家目录中，该目录一般以/home 开始，后跟用户名，这个目录就是用户的初始登录目录（如 root 用户的家目录为/root）。

cd 命令用来在不同的目录中进行切换。如果用户想切换到其他的目录中，使用 cd 命令，后跟想要切换的目录名。

在 Linux 系统中，用"."代表当前目录；用".."代表当前目录的父目录；用"~"代表用户的自家目录。

例如：

```
[root@localhost ~]# cd /              //切换到根目录
[root@localhost /]# cd ~              //切换到自家目录
[root@localhost ~]# cd /etc/mail      //切换到/etc/mail 目录
[root@localhost mail]# cd ../ntp      //切换到当前目录的父目录的子目录 ntp
```

### 3. ls 命令

ls 命令用来列出当前目录或指定目录下的信息，命令格式如下：

ls　[参数]　[目录]

ls 命令的常用参数选项有以下几个。

-a：显示所有文件，包括以"."开头的隐藏文件。

-A：显示指定目录下所有的子目录及文件，包括隐藏文件。但不显示"."和".."。

-c：按文件的修改时间排序。

-C：分成多列显示各行。

-d：如果参数是目录，只显示其名称而不显示其下的各个文件。往往与"-l"选项一起使用，以得到目录的详细信息。

-l：以长格形式显示文件的详细信息。

-i：在输出的第一列显示文件的 i 节点号。

例如：输出当前目录下名称中有"lib"文件或目录的详细信息。

```
[root@localhost var]# ls -l *lib*
总用量 12
drwxr-xr-x.  4 root         root  30    11月  2 06:06 AccountsService
drwxr-xr-x.  2 root         root  49    11月  14 10:26 alsa
drwxr-xr-x.  2 root         root  4096  11月  2 06:12 alternatives
drwxr-xr-x.  4 amandabackup disk  58    11月  2 06:11 amanda
drwx------.  3 root         root  17    11月  2 06:16 authconfig
```

命令结果显示的各列内容含义如下所示。

（1）第一列为文件模式。文件模式中第一位代表文件类型，其余九位用于三组不同用户的三组权限。文件类型有三种，其中"d"表示目录，"-（短线）"表示常规文件，"l"表示到系统上其他位置的另一个程序或文件的符号链接。

（2）第二列即连接数。对文件而言，此数表示该文件在系统中保存的备份数，通常为 1。对目录而言，表示的是该目录中的子目录数。

（3）第三列即所有者名。指出该文件或目录是属于哪个用户的。

（4）第四列即组名。指出该用户所属组名。

（5）第五列即文件大小。指出该文件或目录占有的字节数。

（6）第六列即最后修改日期和时间。说明文件最后一次修改或创建的日期和时间。

（7）第七列即文件名，为文件或目录的真实名字。

### 4. cat 命令

cat 命令主要用于滚屏显示文件内容。

命令格式：cat　[参数]　文件名

例如，显示/etc/passwd 文件的内容如下：

```
[root@localhost var]# cat /etc/passwd
root:x:0:0:root:/root:/bin/bash
bin:x:1:1:bin:/bin:/sbin/nologin
daemon:x:2:2:daemon:/sbin:/sbin/nologin
adm:x:3:4:adm:/var/adm:/sbin/nologin
lp:x:4:7:lp:/var/spool/lpd:/sbin/nologin
sync:x:5:0:sync:/sbin:/bin/sync
shutdown:x:6:0:shutdown:/sbin:/sbin/shutdown
```

### 5. more 命令

使用 cat 命令时，如果文件太长，用户只能看到文件的最后一部分。这时可以使用 more 命令，一页一页地分屏显示文件的内容。按 Enter 键可以向下移动一行，按 space 键可以向下移动一页；按 q 键可以退出 more 命令。

命令格式：`more  [参数]   文件名`

### 6. less 命令

less 命令也可以用来对文件或其他输出进行分页显示。less 的用法比 more 更有弹性。在 more 的时候，我们并没有办法向前面翻，只能往后面看，但若使用了 less 时，就可以使用[page up] [page down]等按键的功能来往前往后翻看文件，更容易查看一个文件的内容。

命令格式：`less  [参数]   文件名`

### 7. head 命令

head 命令用于显示文件的开头部分，默认情况下只显示文件的前 10 行内容。

命令格式：`head  [参数]   文件名`

head 命令的常用参数选项有以下几个。

–n num：显示指定文件的前 num 行。

–c num：显示指定文件的前 num 个字符。

例如，显示/etc/passwd 文件的前 10 行如下所示：

```
[root@localhost var]# head /etc/passwd
root:x:0:0:root:/root:/bin/bash
bin:x:1:1:bin:/bin:/sbin/nologin
daemon:x:2:2:daemon:/sbin:/sbin/nologin
adm:x:3:4:adm:/var/adm:/sbin/nologin
lp:x:4:7:lp:/var/spool/lpd:/sbin/nologin
sync:x:5:0:sync:/sbin:/bin/sync
shutdown:x:6:0:shutdown:/sbin:/sbin/shutdown
halt:x:7:0:halt:/sbin:/sbin/halt
mail:x:8:12:mail:/var/spool/mail:/sbin/nologin
operator:x:11:0:operator:/root:/sbin/nologin
```

### 8. tail 命令

tail 命令用于显示文件的末尾部分，默认情况下只显示文件的末尾 10 行内容。

命令格式：`tail  [参数]   文件名`

tail 命令的常用参数选项有以下几个。

-n num：显示指定文件的末尾 num 行。

-c num：显示指定文件的末尾 num 个字符。

例如，显示/etc/passwd 文件的后 10 行内容如下所示：

```
[root@localhost var]# tail /etc/passwd
sshd:x:74:74:Privilege-separated SSH:/var/empty/sshd:/sbin/nologin
postgres:x:26:26:PostgreSQL Server:/var/lib/pgsql:/bin/bash
postfix:x:89:89::/var/spool/postfix:/sbin/nologin
dovecot:x:97:97:Dovecot IMAP server:/usr/libexec/dovecot:/sbin/nologin
dovenull:x:990:988:Dovecot's unauthorized user:/usr/libexec/dovecot:/sbin/nologin
oprofile:x:16:16:Special user account to be used by OProfile:/var/lib/oprofile:/sbin/nologin
tcpdump:x:72:72::/:/sbin/nologin
redhatlinux:x:1000:1000:redhatlinux:/home/redhatlinux:/bin/bash
linux7:x:1001:1001::/home/linux7:/bin/bash
dhcpd:x:177:177:DHCP server:/:/sbin/nologin
```

### 9. mkdir 命令

mkdir 命令用于创建一个或多个目录。

命令格式：`mkdir [参数]目录1 [目录2...]`

mkdir 命令的常用参数选项有以下几个。

-p：如果父目录不存在，则同时创建该目录及该目录的父目录。

例如，在当前目录中创建目录 test 如下所示。

```
[root@localhost var]# mkdir test
```

### 10. rmdir 命令

rmdir 命令用于删除空目录，一个目录被删除之前必须是空的。

命令格式：`rmdir [参数]目录`

rmdir 命令的常用参数选项有：

-p 递归删除目录 dirname，当子目录删除后其父目录为空时，也一同被删除。

注意：rmdir 不能删除非空目录。

### 11. touch 命令

touch 命令用于新建普通文件。

命令格式：`touch 文件名`

### 12. cp 命令

cp 命令主要用于文件或目录的复制。

命令格式：`cp [参数]源文件 目标文件`

cp 命令的常用参数选项有以下几个。

-f：如果目标文件或目录存在，则先删除它们再进行复制（即覆盖），并且不提示用户。

-i：如果目标文件或目录存在，则提示是否覆盖已有的文件。

-r：递归复制所有目录，将所有的非目录内容当作文件一样复制。

例如，复制 etc 目录下单个文件 passwd 到根目录下：

```
[root@localhost var]# cp /etc/passwd /
```
例如，使用通配符复制 etc 目录下 mail 开头的所有文件到根目录下：
```
[root@localhost var]# cp /etc/mail* /
```

### 13. mv 命令

mv 命令用于文件的移动或重命名。

命令格式：`mv 文件名称 搬移的目的地（或更改的新名）`

例如，把现在所在目录中的 install.log.syslog 文件移到/usr 内，命令如下：
```
[root@localhost ~]# mv initial-setup-ks.cfg /usr
```

### 14. rm 命令

rm 命令主要用于文件或目录的删除。

命令格式：`rm [参数]文件名或目录名`

rm 命令的常用参数选项有以下几个。
-i：删除文件或目录时提示用户。
-f：删除文件或目录时不提示用户。
-r：递归删除目录，即包含目录下的文件和各级子目录。

### 15. find 命令

find 命令用于在硬盘上查找文件。

命令格式：`find [选项] 文件名`

find 命令的常用参数选项有以下几个。
-name name：查找文件名称符合 name 的文件。
-amin n：查找 n 分钟以前被访问过的所有文件。
-atime n：查找 n 天以前被访问过的所有文件。

例如，在根目录中查找 httpd.conf 文件的路径，如下所示：
```
[root@localhost ~]# find / -name httpd.conf
/etc/httpd/conf/httpd.conf
/usr/lib/tmpfiles.d/httpd.conf
```

### 16. grep 命令

grep 命令用于查找文件中包含指定字符串的行。

命令格式：`grep [参数]要查找的字符串 文件名`

例如，在/etc/passwd 文件中查找带有 root 的行，如下所示：
```
[root@localhost ~]# grep root /etc/passwd
root:x:0:0:root:/root:/bin/bash
operator:x:11:0:operator:/root:/sbin/nologin
```

### 17. tar 命令

用于文件打包的命令，tar 命令可以把一系列的文件归档到一个大文件中，也可以把档案文件解开以恢复数据。

命令格式：`tar [参数]档案文件 文件列表`

tar 命令的常用参数选项有以下几个。
-c：生成档案文件。
-v：列出归档解档的详细过程。
-f：指定档案文件名称。
-r：将文件追加到档案文件末尾。
-z：以 gzip 格式压缩或解压缩文件。
-j：以 bzip2 格式压缩或解压缩文件。
-d：比较档案与当前目录中的文件。
-x：解开档案文件。

例如，将/etc/passwd 文件及/etc/shadow 文件归档到/user.tar 文件中，如下所示：

```
[root@localhost ~]# tar -cvf /usr.tar /etc/passwd /etc/shadow
tar: 从成员名中删除开头的"/"
/etc/passwd
/etc/shadow
```

例如，将/etc/passwd 文件及/etc/shadow 文件归档压缩为 gzip 格式的文件到/user.tgz 文件中，如下所示：

```
[root@localhost ~]# tar -czvf /usr.tgz /etc/passwd /etc/shadow
tar: 从成员名中删除开头的"/"
/etc/passwd
/etc/shadow
```

### 18. 管道命令

管道连接着一个命令的标准输出和另一个命令的标准输入。

例如：输出 etc 目录中的详细信息并通过 less 命令分屏显示，如下所示：

```
[root@localhost ~]# ls -al /etc|less
```

### 19. 软件包管理 rpm 命令

命令格式：rpm 参数 软件包

rpm 命令的常用参数选项有以下几个。
-i：安装包。
-v：安装过程中显示详细信息。
-h：安装过程中显示"#"号进度条。
-e：删除软件包。
-q：查看软件包是否已经安装。

例如，查看 bind 软件包是否安装，如下所示：

```
[root@localhost ~]# rpm -q bind
bind-9.9.4-14.el7.x86_64
```

例如，安装 vim-X11-7.0.109-3.el5.3.i386.rpm 软件包，如下所示：

```
[root@localhost ~]# rpm -ivh /mnt/cdrom/Packages/vim-X11-7.4.160-1.el7.x86_64.rpm
```

例如，删除 vsftpd 软件包，如下所示：

```
[root@localhost ~]# rpm -e vsftpd
```

#### 20. 管理服务 systemctl 命令

用来开启（start）、停止（stop）、重启（restart）、加载（reload）一些主动进程服务。如网络服务 network、DHCP 服务 dhcpd、DNS 服务 named、SENDMAIL 服务 sendmail、FTP 服务 vsftpd 等。

例如，重启网络服务，如下所示：

```
[root@localhost ~]# systemctl restart network.service
```

## 3.2 文档编辑

VI 编辑器是常见的文档编辑器，在系统中使用 vi 或者 vim 命令调用 VI 编辑器，对 Linux 中文档进行编辑。

在编辑文档中，常用一些子命令对文档进行编辑，如表 3-1 所示。

表 3-1  常用子命令的作用

| 子命令名称 | 作用 |
| --- | --- |
| i | 编辑文档，在状态行显示--INSERT |
| w | 保存已编辑完成的文档 |
| q | 关闭文档并退出 |
| q! | 强制关闭文档并退出 |
| /字符串 | 在文档中查找指定的字符串，使用 n 查找下一个字符 |
| set number | 文档中显示行号 |
| set nonumber | 文档中不显示行号 |
| d | 删除当前行 |
| nd | 删除第 n 行 |
| n1, n2d | 删除从 n1 行到 n2 行 |
| .,$d | 删除当前行到结尾的所有内容 |
| s /字符串 1 /字符串 2/g | 将当前行文档中字符串 1 用字符串 2 替换 |
| %s/字符串 1 /字符串 2/g | 将文档中所有字符串 1 用字符串 2 替换 |
| ESC 键 | 退出文档编辑状态，进入非编辑状态 |
| Shift+:键 | 在非编辑状态，用来在文档左下角输入子命令的一个提示符 |
| u | 在非编辑状态，撤销上次操作 |

## 3.3 项目示例

【例 1】打开文档 mo1 进行编辑，在文档中添加一行文字"I am a student!"后保存并退出。
（1）在当前目录中，通过 vi 命令新建 mo1。

```
[root@localhost ~]#vi mo1
```

(2)进入 vi 编辑器后,通过按 i 字母键进入 insert 模式。
输入一行文字"I am a student!",如图 3-2 所示。

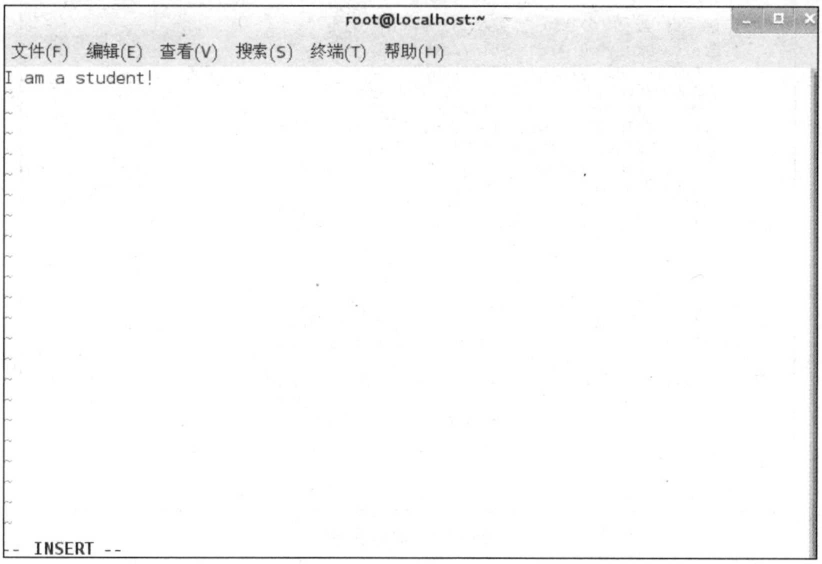

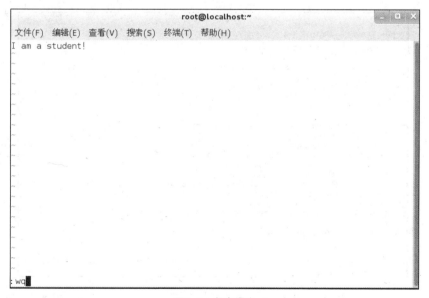

图3-2 编辑mo1文档

按 Esc 键,退回到命令模式,输入:wq,保存并退出,如图 3-3 所示。

图3-3 保存退出

【例 2】将/etc/passwd 文件拷贝到当前目录下,使用 VI 编辑器打开,在文档中设置行号,查找 root 字符串,将 bin 替换成 sbin,删除从第 4 行到 15 行的内容,保存并退出。

```
[root@localhost ~]#cp /etc/passwd ./        //将/etc/passwd 文件拷贝到当前目录下
[root@localhost ~]#vi passwd                //打开 passwd 文件
```

（1）设置行号。在命令模式下输入:set number，显示行号，如图3-4所示。

图3-4　显示行号

（2）查找字符。在命令模式下输入:/root进行查找，定位到root字符串，使用键盘上的n键定位到下一个已找到的字符，如图3-5所示。

图3-5　查找root字符串

（3）替换字符串。将光标定位到需进行替换的行，在命令模式下输入：s /bin/sbin/g，将光标所在行的字符串bin替换成sbin字符串，如图3-6所示。

（4）删除行。在命令模式下输入：4,15d，删除从第4行到15行的内容；在命令模式下输入：wq，保存并退出，如图3-7所示。

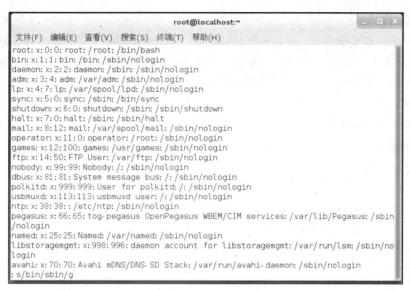

图3-6 替换bin字符串

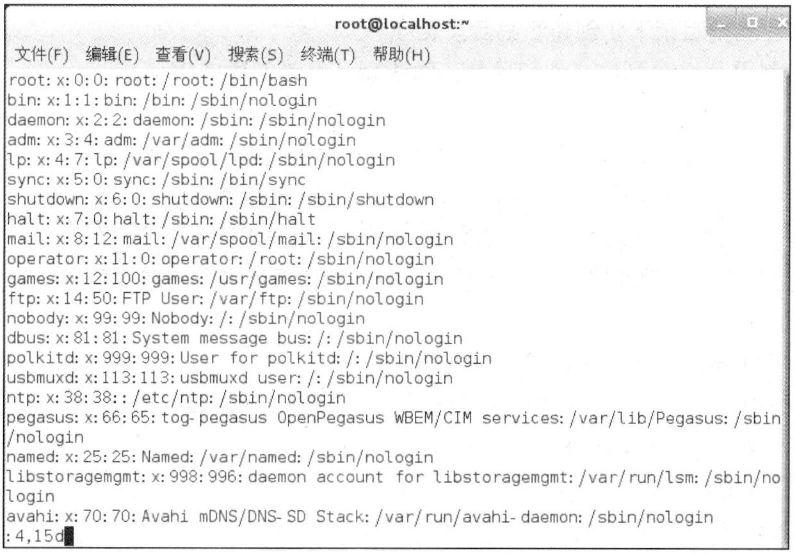

图3-7 删除第4~15行

## 3.4 项目实训

### 一、实训目的

- 掌握 Linux 中各类命令的使用方法
- 熟悉 Linux 操作环境
- 熟悉 VI 编辑器
- 熟悉通过 yum 命令来安装包
- 熟悉应用 gcc 编辑运行 C 语言程序

## 二、项目背景

现在有一台已经安装好 Linux 操作系统的主机，要求能够编辑系统网络文件，配置好基本的 TCP/IP 参数，检查 IP 地址，通过网络连接局域网中或远程的主机。为了后期搭建服务器，要求能够查找软件包、安装软件包，能够管理相关服务。

## 三、实训内容

- 使用 Linux 常用命令。
- VI 编辑器。
- 创建 yum 仓库并安装包。
- 安装 gcc 编辑调试运行 c 语言程序。

## 四、实训步骤

### 任务 1　文件和目录类命令的使用

**STEP 1** 用 pwd 命令查看当前所在的目录。
**STEP 2** 用 ls 命令列出此目录下的文件和目录。
**STEP 3** 用 -a 选项列出此目录下包括隐藏文件在内的所有文件和目录。
**STEP 4** 用 man 命令查看 ls 命令的使用手册。
**STEP 5** 在当前目录下，创建测试目录 test。
**STEP 6** 利用 ls 命令列出文件和目录，确认 test 目录创建成功。
**STEP 7** 进入 test 目录，利用 pwd 查看当前工作目录。
**STEP 8** 利用 touch 命令，在当前目录中创建一个新的空文件 newfile。
**STEP 9** 利用 cp 命令复制系统文件/etc/profile 到当前目录下。
**STEP 10** 复制文件 profile 到一个新文件 profile.bak，作为备份。
**STEP 11** 用 ll 命令以长格形式列出当前目录下的所有文件，注意比较每个文件的长度和创建时间的不同。
**STEP 12** 用 less 命令分屏查看文件 profile 的内容。
**STEP 13** 用 grep 命令在 profile 文件中对关键字 then 进行查询。
**STEP 14** 用 tar 命令把目录 test 打包。
**STEP 15** 用 gzip 命令把打好的包进行压缩。
**STEP 16** 把文件 test.tar.gz 改名为 backup.tar.gz。
**STEP 17** 把文件 backup.tar.gz 移动到 test 目录下。
**STEP 18** 显示当前目录下的文件和目录列表，确认移动成功。
**STEP 19** 查找 root 用户自己主目录下的所有名为 newfile 的文件。
**STEP 20** 利用 free 命令显示内存的使用情况。
**STEP 21** 利用 df 命令显示系统的硬盘分区及使用状况。
**STEP 22** 使用 ps 命令查看和控制进程。

### 任务 2　VI 编辑器的应用

**STEP 1** 分页浏览/etc 下的文件和目录。
**STEP 2** 将/etc/passwd 文件复制到当前目录下并重新命名为 pd，用 vi 编辑打开 pd 文件；在文件中添加一行内容：user1:x:800:800:this is user1:/home/user1:/bin/bash，保存并退出。
**STEP 3** 打开 pd 文件，给文件中内容设置行号，删除第 5 行到 11 行的内容，撤销任务 1

的 Step 5 操作，查找 pd 文件中 bash 字符串，并将其全部替换成 tcsh。

### 任务 3    创建 yum 仓库，利用 yum 安装 DHCP 包

通过虚拟机将 Red Hat Linux 镜像文件挂载到系统中，使用 mount 命令将镜像文件挂载到 /mnt/cdroom 目录下，如图 3-8 所示。

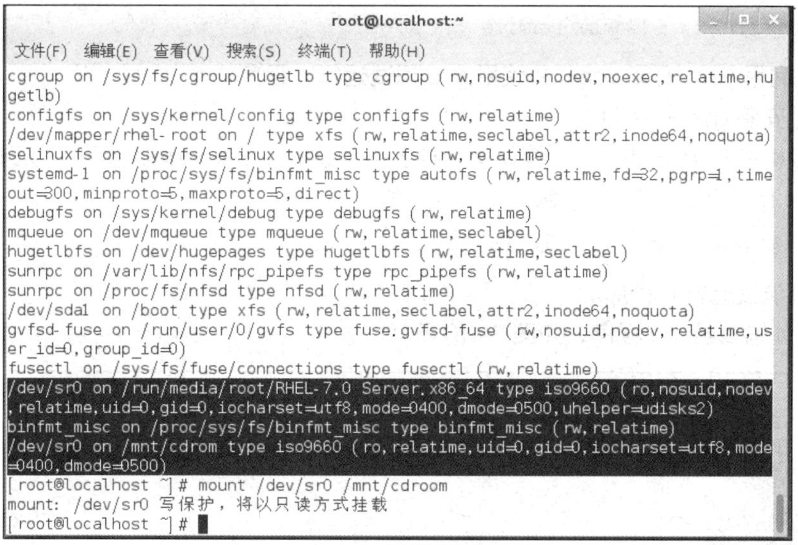

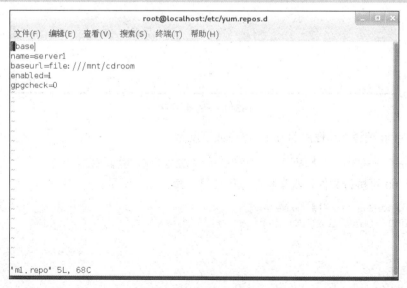

图3-8    光盘文件挂载

**STEP 1** 在/etc/yum.repos.d 目录下，新建扩展名为 repo 的仓库文件。

**STEP 2** 编辑仓库文件。使用 vi 编辑器打开 m1.repo 文件，编辑仓库文件，如图 3-9 所示。

```
[root@localhost ~]# vi /etc/yum.repos.d/m.repo
```

图3-9    编辑仓库文件

**STEP 3** 通过 yum 管理软件包。

① 查找 DHCP 软件包。

```
[root@localhost yum.repos.d]# yum list|grep dhcp
```

② 安装 DHCP 软件包。

```
[root@localhost ~]# yum install dhcp -y
```

③ 删除 DHCP 软件包。

```
[root@localhost ~]#yum remove dhcp -y
```

**任务 4** 利用 yum 安装 gcc，并使用 gcc 调试运行 c 程序

**STEP 1** 安装 gcc 软件包。

通过虚拟机将 Red Hat Linux 镜像文件挂载到系统/mnt/cdroom 目录下，找到 gcc-4.8.2-16.el7.x86_64.rpm 包，安装 gcc 包，命令如下所示：

```
[root@localhost ~]# yum install gcc -y
```

**STEP 2** 调试运行 c 程序。

① 使用 vi 编辑器 1.c 程序，如图 3-10 所示。

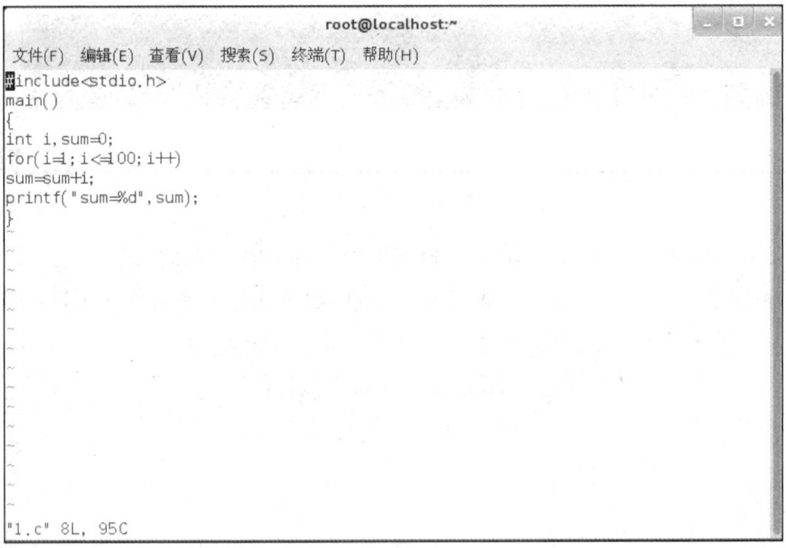

图3-10 编辑c程序

② 使用 gcc 编译 1.c 程序为 ma，命令如下所示：

```
[root@localhost ~]# gcc -o ma 1.c
```

③ 运行 ma 可执行文件，观察程序运行结果，命令如下所示：

```
[root@localhost ~]# ./ma
sum=5050[root@localhost ~]#
```

# Chapter 4

## 项目四
## 用户和组的管理

■ 项目任务

北京公司总部有职员 150 人，每个员工的工作内容不同，分别隶属于不同的组，具有不同的权限，并分别设置账号密码。普通员工账号有 jack、lily、mike 等，管理人员账号有 linda、joy 等。管理人员属于 manger 组，普通员工属于 class 组。由于 mike 出差在外地，需要暂时禁用账号。

■ 任务分解

- 图形模式下实现用户的添加、删除、修改属性等操作。
- 认识用户和组文件。
- 命令模式下实现用户和组的添加、删除、修改属性、禁用等操作。

■ 教学目标

- 掌握用户和组管理。
- 熟悉用户和组文件。

## 4.1 图形模式下的用户管理

当一台计算机供多个用户使用时，为确保文件的独立性及安全性，每个用户都将被指定一个独一无二的账号。这个账号在用户登录时使用，无论是本地登录还是远程登录，每个账户都有自己独立的工作环境，互不干扰。每个账户都对自己的所有文件、硬件、资源和信息具有管理权限。当用户登录系统时，系统将核对用户输入的用户名和密码，只有当用户名存在且密码与之匹配时，用户才能成功登录系统。

权限相同的用户可以为其分配组，方便统一进行管理。组中可以包含多个用户，用户也可以加入多个组中，同时具备不同组的权限。

### 1. 新建用户

在 Linux 中创建用户，执行"应用程序—系统工具—设置"，弹出图 4-1 所示的"设置"窗口。

图4-1 "设置"窗口

单击"用户"按钮,弹出"用户设置"界面,如图4-2所示。单击"+"按钮可进行用户的创建,在弹出的"添加账户"对话框中,保持"本地账户"按钮的选中状态,"账户类型"下拉列表可根据需求选择"标准"或"管理员",输入全名、用户名等内容,单击"添加"按钮,即可完成用户的创建,如图4-3所示。

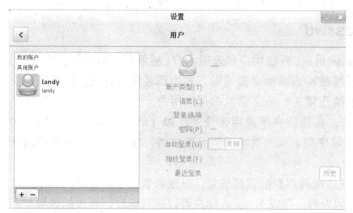

图4-2 "用户设置"界面

图4-3 添加账户

### 2. 编辑用户

如果想要修改系统中用户的信息,在"用户设置"界面的用户列表中选择想要编辑的用户,界面中将显示相应用户的信息,包含用户名、账户类型、语言、密码、自动登录等选项,如图4-4所示。单击"密码"后的"账户已禁用"按钮,弹出"更改此用户的密码"对话框,如图4-5所示,在"动作"下拉列表中,可选择"现在设置密码""下次登录时更改密码""不使用密码""启用此账户"。

图4-4 "用户设置"界面

图4-5 更改密码界面

### 3. 删除用户

如果想要删除系统中的用户,在"用户设置"界面选择想要删除的用户,再单击"-"按钮即可。

## 4.2 用户和组文件

无论是通过图形界面配置用户和组，还是通过命令配置用户和组，都会在对应的配置文件中生成相应的记录。

### 4.2.1 用户账号文件——passwd

Linux 下的用户可以为分三类：超级用户、系统用户和普通用户。超级用户的用户名为 root，它具有一切权限。注意：只有进行系统维护或其他必要情形下才用超级用户登录，以避免系统出现安全问题。系统用户是 Linux 系统正常工作所必需的内建的用户，主要是为了满足相应的系统进程对文件属主的要求而建立的，系统用户不能用来登录，如 bin、daemon、adm、lp 等用户。普通用户是为了让使用者能够使用 Linux 系统资源而建立的，我们的大多数用户属于此类。

/etc/passwd 文件中保存的是系统中所有用户的属性信息，是账号管理中最重要的一个纯文本文件。普通用户可以查看这个文件的内容，但仅有 root 用户可以进行修改，修改的效果与图形界面执行或者命令执行的效果一样。每一个注册用户在该文件中都有一个对应的记录行，这一记录行记录了此用户的必要信息。文件中的每一行由 7 个字段的数据组成，字段之间用":"分隔，其格式如下：

账号名称:密码:用户 ID（UID）:组群 ID（GID）:个人资料:主目录:`shell`

对于以上字段的说明如下。

账号名称：用户登录 Linux 系统时使用的名称。

密码：这里的密码是经过加密后的密码，而不是真正的密码，若为"x"，说明密码经过了 shadow 的保护。

用户 ID：用户的标识，是一个数值，Linux 系统内部使用它来区分不同的用户。每个用户都有一个数值，称为 UID。超级用户的 UID 为 0，系统用户的 UID 一般为 1~999，普通用户的 UID 为≥1000 的值。

组群 ID：用户所在组的标识，是一个数值，Linux 系统内部使用它来区分不同的组，相同的组具有相同的 GID。

个人资料：用来记录用户的个人信息，如姓名、电话等信息，可以为空。

主目录：通常是/home/username，这里 username 是用户名，用户执行"cd~"命令时当前目录会切换到个人主目录。

shell：定义用户登录后使用的 shell，默认是 bash。

通过 cat 命令查看/etc/passwd 文件的内容，如图 4-6 所示。可看到第一行用户是 root，紧接着是系统用户，普通用户通常在文件的尾部。从图中可见 root 的用户名为 root，密码屏蔽，用户 ID 为 0，主组 ID 为 0，用户全称为 root，主目录位于/root，登录 shell 为/bin/bash。

```
[root@localhost 桌面]# cat /etc/passwd
root:x:0:0:root:/root:/bin/bash
bin:x:1:1:bin:/bin:/sbin/nologin
daemon:x:2:2:daemon:/sbin:/sbin/nologin
adm:x:3:4:adm:/var/adm:/sbin/nologin
lp:x:4:7:lp:/var/spool/lpd:/sbin/nologin
sync:x:5:0:sync:/sbin:/bin/sync
shutdown:x:6:0:shutdown:/sbin:/sbin/shutdown
halt:x:7:0:halt:/sbin:/sbin/halt
mail:x:8:12:mail:/var/spool/mail:/sbin/nologin
operator:x:11:0:operator:/root:/sbin/nologin
games:x:12:100:games:/usr/games:/sbin/nologin
ftp:x:14:50:FTP User:/var/ftp:/sbin/nologin
nobody:x:99:99:Nobody:/:/sbin/nologin
dbus:x:81:81:System message bus:/:/sbin/nologin
polkitd:x:999:998:User for polkitd:/:/sbin/nologin
unbound:x:998:997:Unbound DNS resolver:/etc/unbound:/sbin/nologin
colord:x:997:996:User for colord:/var/lib/colord:/sbin/nologin
usbmuxd:x:113:113:usbmuxd user:/:/sbin/nologin
avahi:x:70:70:Avahi mDNS/DNS-SD Stack:/var/run/avahi-daemon:/sbin/nologin
avahi-autoipd:x:170:170:Avahi IPv4LL Stack:/var/lib/avahi-autoipd:/sbin/nologin
```

图4-6 /etc/passwd文件内容

### 4.2.2 用户影子文件——shadow

系统中所有用户的用户密码保存在/etc/shadow 文件中。所有的密码都经过 MD5 算法加密处理，只有具备超级用户权限才能查看这个文件。

/etc/shadow 文件中的每一行同样代表一个单独的用户。其中的"："用于间隔用户的属性信息字段。和/etc/passwd 文件类似，shadow 文件中的每行由 9 个字段组成，格式如下。

用户名:密码:最后一次修改时间:最小时间间隔:最大时间间隔:警告时间:不活动时间:失效时间:标志字段

通过 cat 命令查看/etc/shadow 文件，如图 4-7 所示，可看到第一行的用户是 root。

```
[root@localhost ~]# cat /etc/shadow
root:$6$HyZafhbg8tMP9B.e$qn/jZwLCmElX/DXzRqxYvnMpzUyLpN/G.RqV6gwssBieqeTIssKDGEJ
kYqllV9ayik/QRxDjd6hv/DbUs2lINO:17107:0:99999:7:::
bin:*:16141:0:99999:7:::
daemon:*:16141:0:99999:7:::
adm:*:16141:0:99999:7:::
lp:*:16141:0:99999:7:::
sync:*:16141:0:99999:7:::
shutdown:*:16141:0:99999:7:::
halt:*:16141:0:99999:7:::
mail:*:16141:0:99999:7:::
operator:*:16141:0:99999:7:::
games:*:16141:0:99999:7:::
ftp:*:16141:0:99999:7:::
nobody:*:16141:0:99999:7:::
dbus:!!:17107::::::
polkitd:!!:17107::::::
unbound:!!:17107::::::
```

图4-7 /etc/shadow文件内容

以 root 这一行记录为例对/etc/shadow 文件中的各个字段进行说明，如表 4-1 所示。

表 4-1 /etc/shadow 文件字段说明

| 字段 | 示例 | 说明 |
| --- | --- | --- |
| 1 | root | 用户名是 root，与/etc/passwd 文件中的用户名对应 |
| 2 | $6$HyZafhbg8tMP9B.e$qn/jZwLCmEIX/DXzRqxYvnMpzUyLpN/G.RqV6gwssBieqeTIssKDGEJkYqIlV9ayik/QRxDjd6hv/DbUs2IIN0 | 密码是经过 MD5 加密的。如果是"*"，则表示对应账户无密码，无法登录系统 |
| 3 | 17107 | 从 1970 年 1 月 1 日起至用户最后一次修改密码日期的天数。对于无密码用户，只从这一天起到创建用户的天数 |
| 4 | 0 | 密码自上次修改后，再次修改的间隔天数，若为 0，表示没有限制 |
| 5 | 99999 | 密码自上次修改后，多少天内必须修改。若为 99999，表示密码可以不修改；若为 1，表示永远不可修改 |
| 6 | 7 | 若密码设置了时间限制，则在逾期前多少天向用户发出警告。7 为默认天数，-1 表示没有警告 |
| 7 | 空 | 若密码设置为必须修改，而到期后未作修改，系统将推迟关闭用户的天数，-1 表示永远不禁用 |
| 8 | 空 | 从 1970 年 1 月 1 日起，该账户被禁用的天数 |
| 9 | 空 | 该字段为保留字段 |

### 4.2.3 用户组账号文件——group 和 gshadow

Linux 的组有私有组、系统组、标准组之分。建立账户时如果没有指定账户所属的组，系统会建立一个和用户名相同的组，这个组就是私有组；标准组可以容纳多个用户，组中的用户都具有组所拥有的权利；系统组是 Linux 系统自动建立的。

组账号信息文件/etc/group 中保存的是系统中所有组的属性信息。每一行代表一个单独的组，每一个组的属性分别用":"隔开。各字段从左到右依次是组名、密码、组 ID 和用户列表。用户列表中所包含的组成员之间用","分隔。

一个用户可以属于多个组，用户所属的组又有主组（初始组）和附加组之分。用户登录系统时的组为主组，主组在/etc/passwd 文件中指定；其他组为附加组，即登录后可切换的其他组，附加组在/etc/group 文件中指定。

组密码信息文件/etc/gshadow 中保存的是系统中所有组的密码。和/etc/shadow 一样，所有的密码都经过 MD5 算法加密处理，只有超级用户才能查看。

## 4.3 命令模式下的用户和组管理

使用命令模式同样可以完成用户和组管理的相关操作，虽然命令模式不如图形模式下用户和组的管理简单直观，但是使用命令模式进行管理操作效率更高。

### 4.3.1 管理用户的命令

**1. 添加用户账号**

超级用户 root 可以通过在终端运行 useradd 命令来创建用户账号。账号建立好之后，实际上是保存在/etc/passwd 文本文件中。

命令格式：useradd [选项]用户名

useradd 命令有很多的可选参数，具体说明如下：
- -u：设置用户 ID（UID），用户 ID 和账号一样必须是唯一的。
- -g：指定用户所属的主（私有）组（组必须存在），参数可以是组名称或组 ID（GID）。
- -d：建立用户目录，参数即所建的用户目录（通常与用户账号相同）。
- -s：设置用户环境，即设置用户的 shell 环境。
- -e：设置用户账号的使用期限。
- -G：用户组，指定用户所属的附加组。

例如，创建普通用户 jack、lily、mike，其命令操作如下所示：

```
[root@localhost ~]# useradd jack
[root@localhost ~]# useradd lily
[root@localhost ~]# useradd mike
```

例如，创建普通用户 test，设置用户的 UID 为 1005，指定用户所属的用户组 ID 为 100，指定用户的主目录为/home/user1，指定用户环境为/bin/bash，其命令操作如下所示：

```
[root@localhost 桌面]# useradd -u 1005 -g 100 -d /home/user1 -s /bin/bash test
```

### 2. 设置用户密码

设置修改用户密码的属性可以通过 passwd 命令来实现。

命令格式：passwd [选项]用户名

passwd 命令有很多的可选参数，具体说明如下：
- -d：删除用户密码。
- -l：锁定指定用户账户。
- -u：解除指定用户账户锁定。
- -S：显示指定用户账户的状态。

对于普通用户，要修改其他用户的密码，首先需要获得权限（使用 sudo 命令），否则只能修改自己账户的密码。

例如，给用户 lily 设置登录密码，其命令操作如下所示：

```
[root@localhost 桌面]# passwd lily
更改用户 lily 的密码 。
新的 密码：
无效的密码： 密码少于 8 个字符
重新输入新的 密码：
passwd：所有的身份验证令牌已经成功更新。
```

例如，普通用户 mike 出差在外地，需要暂时禁用其账号，命令操作如下所示：

```
[root@localhost 桌面]# passwd -l mike
锁定用户 mike 的密码 。
passwd: 操作成功
```

### 3. 修改用户属性

使用 usermod 命令可以修改用户的属性信息。

命令格式：usermod [选项]用户名

usermod 命令有很多的可选参数，具体说明如下。
- -d：改变用户的主目录。

-g：修改用户的主组。
-G：指定用户所属的附加组。
-l：name：更改账户的名称（必须在该用户未登录的情况下才能使用）。
-u：UID：改变用户的 UID 为新的值。

例如，将用户 lily 的用户 ID 更改为 1110，主组更改为已经存在的组 mygroup，将其添加到 root 组中，并更改用户名为 lilybackup，其命令操作如下所示：

[root@localhost 桌面]# usermod -u 1110 -g mygroup -G root -l lilybackup lily

**4. 删除用户账号**

若不再允许用户登录系统时，可以将用户账号删除。使用 userdel 命令删除账号。

命令格式：userdel [选项]用户名

userdel 命令有很多的可选参数，具体说明如下。

-r：表示在删除账号的同时，将用户主目录及其内部文件同时删除。若不加选项-r，则表示只删除登录账号而保留相关目录。

例如，把系统中的 lilybackup 用户及其主目录删除，其命令操作如下所示：

[root@localhost 桌面]# userdel -r lilybackup

注意：不能删除正在使用中的用户账户，必须首先终止该用户的进程才能删除。另外，如果当初在创建该用户时建立了同名私人组，而且私人组中不包含其他用户，当删除该用户时该私人组也将一并被删除。

### 4.3.2 管理组的命令

**1. 添加组**

可以手工编辑/etc/group 文件来完成组的添加，也可以用 groupadd 命令来添加组。

命令格式：groupadd [选项]用户名

groupadd 命令有很多的可选参数，具体说明如下。

-g：指定 GID 号。
-r：用于创建系统组账号（GID<500）。

例如，创建组 ID 为 505 的组 class，其命令操作如下所示：

[root@localhost home]# groupadd -g 505 class

**2. 修改组的属性**

使用 groupmod 命令可以修改指定组的属性。

命令格式：groupmod [选项]用户名

groupmod 命令有很多的可选参数，具体说明如下。

-g：改变组账号的 GID，组账号名保持不变。
-n：改变组账号名。

例如，将系统中已经存在的组 ID 为 505 的组 class 修改组名为 classbackup、组 ID 为 508，其命令操作如下所示：

[root@localhost home]# groupmod -g 508 -n classbackup class

### 3. 删除组

使用 groupdel 命令可以删除指定组。

命令格式：groupdel 用户名

例如，将系统中的组 classbackup 删除，其操作命令如下所示：

[root@localhost home]# groupdel classbackup

注意：只有当指定需要删除的组不是任何用户的主组时，该组才会被删除。否则需要删除相关用户或者修改相关用户的主组之后才能删除指定的组。

### 4. 组成员管理

使用 gpasswd 命令可以向组中添加、删除用户。

命令格式：gpasswd [选项]用户名 组名

gpasswd 命令的可选参数说明如下。

-a：向组中添加用户。

-d：从组中删除用户。

例：将用户 test 加入组 mygroup，其操作命令如下所示：

[root@localhost home]# gpasswd -a test mygroup
正在将用户"test"加入到"mygroup"组中

例：将用户 test 从组 mygroup 中删除，其操作命令如下所示：

[root@localhost home]# gpasswd -d test mygroup
正在将用户"test"从"mygroup"组中删除

## 4.4 项目示例

根据项目任务，需要对用户和组进行管理，通过命令模式实现。下面介绍如何用命令模式实现项目任务。

```
新建组群 manger、class
    #groupadd manger
    #groupadd class
新建用户 jack、lily、mike、linda、joy
    #useradd -G manger linda
    #useradd -G manger joy
    #useradd -G class jack
    #useradd -G class lily
    #useradd -G class mike
设置用户密码
    #passwd linda
    #passwd joy
    #passwd jack
    #passwd lily
    #passwd mike
禁用用户 mike
    #passwd -u mike
观察/etc/passwd 文件和/etc/gpasswd 文件中是否添加以上用户
    #vi /etc/passwd
    #vi /etc/gpasswd
```

## 4.5 项目实训

### 一、实训目的
- 熟悉 Linux 用户的访问权限。
- 掌握在 Linux 系统中增加、修改、删除用户或用户组的方法。
- 掌握用户账户管理及安全管理。

### 二、项目背景
某公司有 40 个员工，分别在 5 个部门工作，每个人工作内容不同。需要在服务器上为每个人创建不同的账号，把相同部门的用户放在一个组中，每个用户都有自己的工作目录。并且需要根据工作性质对每个部门和每个用户在服务器上的可用空间进行限制。

### 三、实训内容
- 用户的访问权限。
- 账号的创建、修改、删除。
- 自定义组的创建与删除。

### 四、实训步骤

**任务 1　用户的管理**

**STEP 1]** 创建一个新用户 u1，设置其主目录为/home/u1。

**STEP 2]** 查看/etc/passwd 文件的最后一行，看看是如何记录的。

**STEP 3]** 查看/etc/shadow 文件的最后一行，看看是如何记录的。

**STEP 4]** 给用户 u1 设置密码。

**STEP 5]** 再次查看/etc/shadow 文件的最后一行，看看有什么变化。

**STEP 6]** 使用 u1 用户登录系统，看能否登录成功。

**STEP 7]** 锁定用户 u1。

**STEP 8]** 查看/etc/shadow 文件的最后一行，看看有什么变化。

**STEP 9]** 解除对用户 u1 的锁定。

**STEP 10]** 更改用户 u1 的帐户名为 u2。

**STEP 11]** 查看/etc/passwd 文件的最后一行，看看有什么变化。

**STEP 12]** 删除用户 u2。

**任务 2　组的管理**

**STEP 1]** 创建一个新组 st。

**STEP 2]** 查看/etc/group 文件的最后一行，看看是如何设置的。

**STEP 3]** 创建一个新账户 u2，并把它的主组和附属组都设为 st。

**STEP 4]** 查看/etc/group 文件中的最后一行，看看有什么变化。

**STEP 5]** 给组 st 设置组密码。

**STEP 6]** 在组 st 中删除用户 u2。

**STEP 7]** 再次查看/etc/group 文件中的最后一行，看看有什么变化。

**STEP 8]** 删除组 st。

# Chapter 5

## 项目五
## 基本磁盘管理

■ **项目任务**

服务器中当磁盘发生故障时,需要对新加的磁盘进行管理。分区方案为 swap 分区 2GB、/test 目录所在分区 800MB、/backup 目录所在分区 6GB、/userfile 目录所在分区 3GB、/home 目录所在分区 5GB、/var 目录所在分区 3GB。

■ **任务分解**

- 磁盘的管理。通过 fdisk 命令对新添加磁盘进行分区。
- 文件系统的建立与检查。通过 mfsk 命令对分区进行格式化,通过 fsck 命令对文件系统进行检查。
- 文件系统的挂载。通过命令实现文件系统的手动挂载、卸载,并通过修改文件实现文件系统的自动挂载。

■ **教学目标**

- 熟悉掌握磁盘的分区。
- 熟悉掌握分区的格式化及文件系统的检查。
- 掌握文件系统的自动挂载、手动挂载和卸载。

## 5.1 磁盘的管理

### 5.1.1 磁盘的种类与分区

硬盘的种类主要有 SCSI、IDE 以及现在流行的 SATA 等,任何一种硬盘的生产都有一定的标准。随着相应标准的升级,硬盘生产技术也在升级,比如 SCSI 标准已经经历了 SCSI-1、SCSI-2、SCSI-3 阶段。

目前经常在服务器网站看到的 Ultral-160 就是基于 SCSI-3 标准的。

IDE 遵循的是 ATA 标准,而目前流行的 SATA,是 ATA 标准的升级版本。

IDE 是并口设备,而 SATA 是串口,SATA 的发展目的是替换 IDE。

分区是硬盘格式化过程中的空间划分,当然,是逻辑意义上的划分。硬盘的分区可由主分区、扩展分区和逻辑分区组成。

不能将硬盘划分为 4 个以上的分区,由此引出硬盘规划的 4P 和 3P+E 的分区模式。

4P(Primary)模式就是将一块硬盘的全部空间分为四个以下主分区(可以是 1~4 个主分区,只要不超过 4 就行)。如果需要将硬盘分为 4 个以上的分区,4P 模式显然无法满足需求。这就必须要使用扩展分区(Extended,E)了,也就是所谓的 3P+E 模式,这个模式是指将硬盘分为 3 个以下的主分区(1~3 个),另外一个分区名额则分给一个扩展分区,然后再将这个扩展分区划分为若干逻辑分区。

扩展分区不能直接使用,只能在扩展分区中再次划分为逻辑分区后它的硬盘空间才能被使用。

在 Linux 中硬盘分区的属性是靠 3 位字母与 1 位数字(共 4 位)组成的编号来区分的。

IDE 硬盘在 Linux 系统下一般表示为 hd*,比如 hda、hdb…;SCSI 和 SATA 硬盘在 Linux

通常表示为 sd*，比如 sda、sdb…；移动存储设备在 Linux 表示为 sd*，比如 sda、sdb 等。

Linux 中主分区（包括扩展分区）的编号为 1 至 4，逻辑分区的编号从数字 5 开始。例如：/dev/sda 硬盘有 4 个主分区，其名称依次为/dev/sda1、/dev/sda2、/dev/sda3、/dev/sda4。如果划分了一个扩展分区，扩展分区上的逻辑分区则可以划分为/dev/sda5、/dev/sda6 等，依此类推。

### 5.1.2 新建磁盘分区

**1．添加新磁盘**

菜单"虚拟机"→"设置"，打开"虚拟机设置"界面，列表中选中"硬盘"选项，单击"添加"按钮添加一块新的硬盘，如图 5-1 所示。

图5-1 添加新磁盘

在弹出的"添加硬件向导"页面中，如图 5-2 所示，单击"继续"按钮。

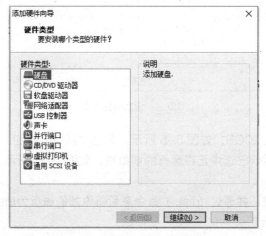

图5-2 "添加硬件向导"页面

保持"创建一个新的虚拟磁盘"单选按钮选中,单击"继续"按钮,如图5-3所示。

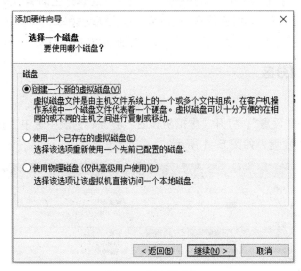

图5-3 创建新磁盘

选择一个磁盘类型时,这里选择"SCSI"类型的磁盘,如图5-4所示,单击"继续"按钮。

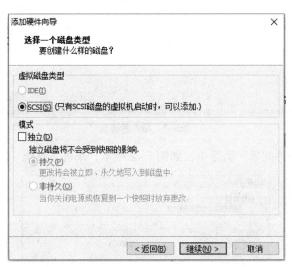

图5-4 设定磁盘类型

设置磁盘空间大小为20GB,如图5-5所示,单击"继续"按钮。

指定磁盘文件时,默认已选中正在运行的虚拟机,如图5-6所示,单击"完成"按钮,即可完成磁盘的添加。

重启或重新挂载系统,并通过fdisk-l命令查看新添加的磁盘为/dev/sdb,而原来的磁盘是/dev/sda,如图5-7所示。

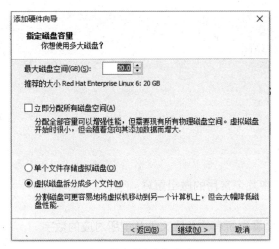 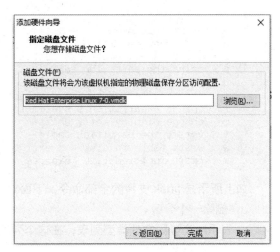

图5-5 设定磁盘空间大小　　　　　　　图5-6 指定磁盘文件

```
[root@localhost 桌面]# fdisk -l

磁盘 /dev/sdb：21.5 GB, 21474836480 字节，41943040 个扇区
Units = 扇区 of 1 * 512 = 512 bytes
扇区大小(逻辑/物理)：512 字节 / 512 字节
I/O 大小(最小/最佳)：512 字节 / 512 字节


磁盘 /dev/sda：21.5 GB, 21474836480 字节，41943040 个扇区
Units = 扇区 of 1 * 512 = 512 bytes
扇区大小(逻辑/物理)：512 字节 / 512 字节
I/O 大小(最小/最佳)：512 字节 / 512 字节
磁盘标签类型：dos
磁盘标识符：0x0001bfaa
```

图5-7 查看新添加的新磁盘/dev/sdb

## 2. fdisk 命令

想要对某个盘进行操作，只需要在 root 权限下输入 fdisk 后面接硬盘路径即可，如下所示：

```
[root@localhost 桌面]# fdisk /dev/sdb
欢迎使用 fdisk (util-linux 2.23.2)。

更改将停留在内存中，直到您决定将更改写入磁盘。
使用写入命令前请三思。

Device does not contain a recognized partition table
使用磁盘标识符 0x4bac1d76 创建新的 DOS 磁盘标签。

命令(输入 m 获取帮助)：m
```

在 command 命令后输入 m，可以看到有哪些命令，如下所示：

```
命令操作
   a   toggle a bootable flag
   b   edit bsd disklabel
   c   toggle the dos compatibility flag
   d   delete a partition
   g   create a new empty GPT partition table
   G   create an IRIX (SGI) partition table
   l   list known partition types
```

```
m   print this menu
n   add a new partition
o   create a new empty DOS partition table
p   print the partition table
q   quit without saving changes
s   create a new empty Sun disklabel
t   change a partition's system id
u   change display/entry units
v   verify the partition table
w   write table to disk and exit
x   extra functionality (experts only)
```

如上所示是 fidsk 支持的全部命令，下面对其中几个常用的做出解释。

d：删除一个分区。

l：显示一个分区文件类型列表，在这个列表会看到所有的分区文件类型所对应的数字。

t：改变分区类型。

m：列出帮助信息。

n：新建一个分区。

p：列出分区表。

w：保存当前操作然后退出。

q：不保存，直接退出。

### 3. 新建磁盘分区

使用命令 fdisk /dev/sdb 打开新磁盘，输入命令 p 列出新磁盘的分区表没有做任何区分，如下所示：

```
[root@localhost 桌面]# fdisk /dev/sdb
欢迎使用 fdisk (util-linux 2.23.2)。

更改将停留在内存中，直到您决定将更改写入磁盘。
使用写入命令前请三思。

Device does not contain a recognized partition table
使用磁盘标识符 0x73f06d83 创建新的 DOS 磁盘标签。

命令(输入 m 获取帮助)：p

磁盘 /dev/sdb：21.5 GB, 21474836480 字节，41943040 个扇区
Units = 扇区 of 1 * 512 = 512 bytes
扇区大小(逻辑/物理)：512 字节 / 512 字节
I/O 大小(最小/最佳)：512 字节 / 512 字节
磁盘标签类型：dos
磁盘标识符：0x73f06d83

   设备 Boot      Start         End      Blocks   Id  System
```

新建主分区 1，大小为 1G，步骤如下所示：

```
命令(输入 m 获取帮助)：n                          //输入 n 新建分区
Partition type:
   p   primary (0 primary, 0 extended, 4 free)
   e   extended
Select (default p)：p                             //输入 p 创建主分区
分区号 (1-4，默认 1)：1                            //输入主分区编号为 1
起始 扇区 (2048-41943039，默认为 2048)：          //输入起始扇区，一般默认回车即可
```

```
将使用默认值 2048
Last 扇区, +扇区 or +size{K,M,G} (2048-41943039, 默认为 41943039)：+1G
分区 1 已设置为 Linux 类型, 大小设为 1 GB
                            //输入新分区的大小, 这里输入的是+1G, 加号不能省略
命令(输入 m 获取帮助)：p              //输入 p 显示查看当前分区表

磁盘 /dev/sdb：21.5 GB, 21474836480 字节, 41943040 个扇区
Units = 扇区 of 1 * 512 = 512 bytes
扇区大小(逻辑/物理)：512 字节 / 512 字节
I/O 大小(最小/最佳)：512 字节 / 512 字节
磁盘标签类型：dos
磁盘标识符：0x73f06d83
                                    //创建的分区已经显示出来
   设备 Boot      Start         End      Blocks   Id  System
/dev/sdb1          2048      2099199    1048576   83  Linux


命令(输入 m 获取帮助)：w              //保存当前分区保存退出
The partition table has been altered!

Calling ioctl() to re-read partition table.
正在同步磁盘。
```

## 5.2 文件系统的建立与检查

### 1. 创建文件系统命令 mkfs

硬盘分区后，下一步的工作就是文件系统的建立，类似于 Windows 下的格式化硬盘。

在硬盘分区上建立文件系统会冲掉分区上的数据，而且不可恢复，因此在建立文件系统之前要确认分区上的数据不再使用。

命令格式：mkfs [参数] 文件系统

mkfs 命令常用的参数选项有以下几个。

-t：指定要创建的文件系统类型。
-c：建立文件系统前首先检查坏块。
-l file：从文件 file 中读取磁盘坏块列表, file 文件一般是由磁盘坏块检查程序产生的。
-V：输出建立文件系统详细信息。

例如，通过以下命令将/dev/sdb1 格式化，并创建 ext3 文件系统：

```
[root@localhost 桌面]# mkfs -t ext3 /dev/sdb1
mke2fs 1.42.9 (28-Dec-2013)
文件系统标签=
OS type: Linux
块大小=4096 (log=2)
分块大小=4096 (log=2)
Stride=0 blocks, Stripe width=0 blocks
65536 inodes, 262144 blocks
13107 blocks (5.00%) reserved for the super user
第一个数据块=0
```

```
Maximum filesystem blocks=268435456
8 block groups
32768 blocks per group, 32768 fragments per group
8192 inodes per group
Superblock backups stored on blocks:
        32768, 98304, 163840, 229376

Allocating group tables: 完成
正在写入 inode表: 完成
Creating journal (8192 blocks): 完成
Writing superblocks and filesystem accounting information: 完成
```

### 2. 检查文件系统的正确性命令 fsck

fsck 命令主要用于检查文件系统的正确性，并对 Linux 磁盘进行修复。

命令格式：`fsck [参数选项] 文件系统`

fsck 命令常用的参数选项有以下几个。

-t：给定文件系统类型，若在/etc/fstab 中已有定义或 kernel 本身已支持的不需添加此项。
-s：一个一个地执行 fsck 命令进行检查。
-A：对/etc/fstab 中所有列出来的分区进行检查。
-C：显示完整的检查进度。
-d：列出 fsck 的 debug 结果。
-P：在同时有-A 选项时，多个 fsck 的检查一起执行。
-a：如果检查中发现错误，则自动修复。
-r：如果检查有错误，询问是否修复。

例如，检查/dev/sdb1 是否正常，如果有异常便自动修复：

```
[root@localhost 桌面]# fsck -t ext3 /dev/sdb1 -r
fsck，来自 util-linux 2.23.2
e2fsck 1.42.9 (28-Dec-2013)
/dev/sdb1: clean, 11/65536 files, 12644/262144 blocks
/dev/sdb1: status 0, rss 1412, real 0.285947, user 0.005532, sys 0.038725
```

## 5.3 文件系统的挂载

### 1. 文件系统的挂载命令 mount

在磁盘上建立好文件系统之后，还需要把新建立的文件系统挂载到系统上才能使用。

文件系统所挂载到的目录被称为挂载点（mount point）。

一般而言，挂载点应该是一个空目录，否则目录中原来的文件将被系统隐藏。

光盘对应的设备文件名为/dev/cdrom，可挂载到自己新建的专门用于挂载的目录。

文件系统的挂载，可以在系统引导过程中自动挂载，也可以手动挂载，手动挂载文件系统的挂载命令是 mount。

语法格式：`mount [选项] [设备] [挂载点]`

mount 命令的主要选项有以下几个。

-t：指定要挂载的文件系统的类型。
-r：如果不想修改要挂载的文件系统，可以使用该选项以只读方式挂载。
-w：以可写的方式挂载文件系统。

-a：挂载/etc/fstab 文件中记录的设备。

例如，将/dev/cdrom 挂载到/mnt/cd，以访问光盘镜像中的内容：

```
[root@localhost 桌面]# mkdir /mnt/cd
[root@localhost 桌面]# mount /dev/cdrom /mnt/cd
mount: /dev/sr0 写保护，将以只读方式挂载
```

例如，新建目录/sdb1，将/dev/sdb1 挂载到/sdb1

```
[root@localhost 桌面]# mkdir /sdb1
[root@localhost 桌面]# mount /dev/sdb1 /sdb1
```

挂载完成后，对目录/sdb1 的读写操作实际上就是直接读写/dev/sdb1 这个分区，但是系统重启后，挂载会失效，可以采用后续内容中的方法让系统自动挂载。

### 2. 文件系统的自动挂载

如果要实现每次开机自动挂载文件系统，可以通过编辑/etc/fstab 文件来实现。

在/etc/fstab 中列出了引导系统时需要挂载的文件系统以及文件系统的类型和挂载参数。

系统在引导过程中会读取/etc/fstab 文件，并根据该文件的配置参数挂载相应的文件系统。

fstab 的内容如下所示：

```
[root@localhost 桌面]# cat /etc/fstab

#
# /etc/fstab
# Created by anaconda on Wed Nov  2 15:14:19 2016
#
# Accessible filesystems, by reference, are maintained under '/dev/disk'
# See man pages fstab(5), findfs(8), mount(8) and/or blkid(8) for more info
#
/dev/mapper/rhel-root    /                     xfs      defaults     1 1
UUID=6da291cf-365a-4cf4-94f6-0ad0781f7c60 /boot xfs      defaults     1 2
/dev/mapper/rhel-swap    swap                  swap     defaults     0 0
```

第一行参数为挂载的分区，第二个参数为挂载的位置，第三参数是分区文件类型，后面的参数默认即可。

例如，实现每次开机自动将文件系统类型为 ext3 的分区/dev/sdb1 自动挂载到/sdb1 目录下，需要在/etc/fstab 文件中添加下面一行的内容：

```
/dev/sdb1                /sdb1                 ext3     defaults     0 0
```

保存并退出后，重新启动或重新挂载系统，系统自动将/dev/sdb1 挂载到/sdb1，可通过 df 命令查看，如下所示：

```
[root@localhost 桌面]# df
文件系统                    1K-块         已用      可用    已用%  挂载点
/dev/mapper/rhel-root   18348032   3044976  15303056    17%  /
devtmpfs                  933536         0    933536     0%  /dev
tmpfs                     942792       140    942652     1%  /dev/shm
tmpfs                     942792      9064    933728     1%  /run
tmpfs                     942792         0    942792     0%  /sys/fs/cgroup
/dev/sda1                 508588    121112    387476    24%  /boot
/dev/sr0                 3654720   3654720         0   100%  /mnt/cd
/dev/sdb1                 999320      1320    929188     1%  /sdb1
```

### 3. 文件系统的卸载命令 umount

文件系统可以被挂载也可以被卸载。卸载文件系统的命令是 umount。

命令格式：umount 设备|挂载点

例如，卸载挂载的光盘：

```
[root@localhost 桌面]# umount /dev/cdrom
```

## 5.4 项目实训

**一、实训任务**

根据本章项目任务，按照项目要求，完成实验内容。

**二、实训目的**

通过本节操作，掌握磁盘的分区、格式化及挂载。

**三、实训步骤**

**STEP 1** 菜单"虚拟机"→"设置"，打开"虚拟机设置"界面，在列表中选中"硬盘"选项，单击"添加"按钮添加一块新的硬盘，如图5-1所示。

**STEP 2** 在弹出的"添加硬件向导"页面中，如图5-2所示，单击"继续"按钮。

**STEP 3** 保持"创建一个新的虚拟磁盘"单选按钮选中，单击"继续"按钮，如图5-3所示。

**STEP 4** 选择一个磁盘类型时，这里选择"SCSI"类型的磁盘，如图5-4所示，单击"继续"按钮。

**STEP 5** 设置磁盘空间大小为20GB，如图5-5所示，单击"继续"按钮。

**STEP 6** 指定磁盘文件时，默认已选中正在运行的虚拟机，如图5-6所示，单击"完成"按钮，即可完成磁盘的添加。

**STEP 7** 重启系统，通过fdisk -l命令查看新添加的磁盘为/dev/sdb，而原来的磁盘是/dev/sda，如下所示。

```
[root@localhost 桌面]# fdisk -l

磁盘 /dev/sdb：21.5 GB，21474836480 字节，41943040 个扇区
Units = 扇区 of 1 * 512 = 512 bytes
扇区大小(逻辑/物理)：512 字节 / 512 字节
I/O 大小(最小/最佳)：512 字节 / 512 字节
磁盘标签类型：dos
磁盘标识符：0x73f06d83

   设备 Boot      Start         End      Blocks   Id  System

磁盘 /dev/sda：21.5 GB，21474836480 字节，41943040 个扇区
Units = 扇区 of 1 * 512 = 512 bytes
扇区大小(逻辑/物理)：512 字节 / 512 字节
I/O 大小(最小/最佳)：512 字节 / 512 字节
磁盘标签类型：dos
磁盘标识符：0x0001bfaa

   设备 Boot      Start         End      Blocks   Id  System
/dev/sda1   *      2048      1026047      512000   83  Linux
/dev/sda2       1026048     41943039    20458496   8e  Linux LVM
```

**STEP 8** 新建磁盘主分区1，设置大小6G，用作挂载目录/backup，并通过p命令进行查看。

```
[root@localhost 桌面]# fdisk /dev/sdb
欢迎使用 fdisk (util-linux 2.23.2)。

更改将停留在内存中，直到您决定将更改写入磁盘。
使用写入命令前请三思。
```

```
命令(输入 m 获取帮助):n
Partition type:
   p   primary (0 primary, 0 extended, 4 free)
   e   extended
Select (default p): p
分区号 (1-4,默认 1):1
起始 扇区 (2048-41943039,默认为 2048):
将使用默认值 2048
Last 扇区, +扇区 or +size{K,M,G} (2048-41943039,默认为 41943039):+6G
分区 1 已设置为 Linux 类型,大小设为 6 GiB

命令(输入 m 获取帮助):p

磁盘 /dev/sdb:21.5 GB, 21474836480 字节,41943040 个扇区
Units = 扇区 of 1 * 512 = 512 bytes
扇区大小(逻辑/物理):512 字节 / 512 字节
I/O 大小(最小/最佳):512 字节 / 512 字节
磁盘标签类型:dos
磁盘标识符:0x73f06d83

   设备 Boot      Start         End      Blocks   Id  System
/dev/sdb1          2048    12584959     6291456   83  Linux
```

**STEP 9** 新建磁盘主分区 2,设置大小 2G,用作交换分区,并通过 P 命令进行查看。

```
命令(输入 m 获取帮助):n
Partition type:
   p   primary (1 primary, 0 extended, 3 free)
   e   extended
Select (default p): p
分区号 (2-4,默认 2):2
起始 扇区 (12584960-41943039,默认为 12584960):
将使用默认值 12584960
Last 扇区, +扇区 or +size{K,M,G} (12584960-41943039,默认为 41943039):+2G
分区 2 已设置为 Linux 类型,大小设为 2 GiB

命令(输入 m 获取帮助):p

磁盘 /dev/sdb:21.5 GB, 21474836480 字节,41943040 个扇区
Units = 扇区 of 1 * 512 = 512 bytes
扇区大小(逻辑/物理):512 字节 / 512 字节
I/O 大小(最小/最佳):512 字节 / 512 字节
磁盘标签类型:dos
磁盘标识符:0x73f06d83

   设备 Boot      Start         End      Blocks   Id  System
/dev/sdb1          2048    12584959     6291456   83  Linux
/dev/sdb2      12584960    16779263     2097152   83  Linux
```

**STEP 10** 新建磁盘主分区 3,设置大小 800M,用作/test,并通过 p 命令进行查看。

```
命令(输入 m 获取帮助):n
Partition type:
   p   primary (2 primary, 0 extended, 2 free)
   e   extended
Select (default p): p
分区号 (3,4,默认 3):3
起始 扇区 (16779264-41943039,默认为 16779264):
将使用默认值 16779264
Last 扇区, +扇区 or +size{K,M,G} (16779264-41943039,默认为 41943039):+800M
分区 3 已设置为 Linux 类型,大小设为 800 MiB

命令(输入 m 获取帮助):P

磁盘 /dev/sdb:21.5 GB, 21474836480 字节,41943040 个扇区
Units = 扇区 of 1 * 512 = 512 bytes
扇区大小(逻辑/物理):512 字节 / 512 字节
I/O 大小(最小/最佳):512 字节 / 512 字节
磁盘标签类型:dos
磁盘标识符:0x73f06d83
```

```
   设备 Boot      Start       End     Blocks   Id  System
/dev/sdb1          2048   12584959   6291456   83  Linux
/dev/sdb2      12584960   16779263   2097152   83  Linux
/dev/sdb3      16779264   18417663    819200   83  Linux
```

**STEP 11** 新建扩展分区 4，设置大小为剩余空间（即在输入分区大小的地方直接敲回车），用来建立逻辑分区，挂载剩余的目录，并通过 p 命令进行查看。

```
命令(输入 m 获取帮助)：n
Partition type:
   p   primary (3 primary, 0 extended, 1 free)
   e   extended
Select (default e): e
已选择分区 4
起始 扇区 (18417664-41943039，默认为 18417664)：
将使用默认值 18417664
Last 扇区, +扇区 or +size{K,M,G} (18417664-41943039，默认为 41943039)：
将使用默认值 41943039
分区 4 已设置为 Extended 类型，大小设为 11.2 GB

命令(输入 m 获取帮助)：p

磁盘 /dev/sdb：21.5 GB, 21474836480 字节，41943040 个扇区
Units = 扇区 of 1 * 512 = 512 bytes
扇区大小(逻辑/物理)：512 字节 / 512 字节
I/O 大小(最小/最佳)：512 字节 / 512 字节
磁盘标签类型：dos
磁盘标识符：0x73f06d83

   设备 Boot      Start       End     Blocks   Id  System
/dev/sdb1          2048   12584959   6291456   83  Linux
/dev/sdb2      12584960   16779263   2097152   83  Linux
/dev/sdb3      16779264   18417663    819200   83  Linux
/dev/sdb4      18417664   41943039  11762688    5  Extended
```

**STEP 12** 在扩展分区上，新建逻辑分区 3G，用作挂载/var，并通过命令 p 显示。

```
命令(输入 m 获取帮助)：n
All primary partitions are in use
添加逻辑分区 5
起始 扇区 (18419712-41943039，默认为 18419712)：
将使用默认值 18419712
Last 扇区, +扇区 or +size{K,M,G} (18419712-41943039，默认为 41943039)：+3G
分区 5 已设置为 Linux 类型，大小设为 3 GB

命令(输入 m 获取帮助)：p

磁盘 /dev/sdb：21.5 GB, 21474836480 字节，41943040 个扇区
Units = 扇区 of 1 * 512 = 512 bytes
扇区大小(逻辑/物理)：512 字节 / 512 字节
I/O 大小(最小/最佳)：512 字节 / 512 字节
磁盘标签类型：dos
磁盘标识符：0x73f06d83

   设备 Boot      Start       End     Blocks   Id  System
/dev/sdb1          2048   12584959   6291456   83  Linux
/dev/sdb2      12584960   16779263   2097152   83  Linux
/dev/sdb3      16779264   18417663    819200   83  Linux
/dev/sdb4      18417664   41943039  11762688    5  Extended
/dev/sdb5      18419712   24711167   3145728   83  Linux
```

**STEP 13** 在扩展分区上，新建逻辑分区 3G，用作挂载/userfile，并通过命令 p 显示。

```
命令(输入 m 获取帮助)：n
All primary partitions are in use
添加逻辑分区 6
起始 扇区 (24713216-41943039，默认为 24713216)：
将使用默认值 24713216
Last 扇区，+扇区 or +size{K,M,G} (24713216-41943039，默认为 41943039)：+3G

分区 6 已设置为 Linux 类型，大小设为 3 GiB

命令(输入 m 获取帮助)：p

磁盘 /dev/sdb：21.5 GB, 21474836480 字节，41943040 个扇区
Units = 扇区 of 1 * 512 = 512 bytes
扇区大小(逻辑/物理)：512 字节 / 512 字节
I/O 大小(最小/最佳)：512 字节 / 512 字节
磁盘标签类型：dos
磁盘标识符：0x73f06d83

   设备 Boot      Start         End      Blocks   Id  System
/dev/sdb1            2048    12584959     6291456   83  Linux
/dev/sdb2        12584960    16779263     2097152   83  Linux
/dev/sdb3        16779264    18417663      819200   83  Linux
/dev/sdb4        18417664    41943039    11762688    5  Extended
/dev/sdb5        18419712    24711167     3145728   83  Linux
/dev/sdb6        24713216    31004671     3145728   83  Linux
```

**STEP 14** 在扩展分区上，新建逻辑分区 5G，用作挂载/home，并通过命令 p 显示。

```
命令(输入 m 获取帮助)：n
All primary partitions are in use
添加逻辑分区 7
起始 扇区 (31006720-41943039，默认为 31006720)：
将使用默认值 31006720
Last 扇区，+扇区 or +size{K,M,G} (31006720-41943039，默认为 41943039)：+5G
分区 7 已设置为 Linux 类型，大小设为 5 GiB

命令(输入 m 获取帮助)：p

磁盘 /dev/sdb：21.5 GB, 21474836480 字节，41943040 个扇区
Units = 扇区 of 1 * 512 = 512 bytes
扇区大小(逻辑/物理)：512 字节 / 512 字节
I/O 大小(最小/最佳)：512 字节 / 512 字节
磁盘标签类型：dos
磁盘标识符：0x73f06d83

   设备 Boot      Start         End      Blocks   Id  System
/dev/sdb1            2048    12584959     6291456   83  Linux
/dev/sdb2        12584960    16779263     2097152   83  Linux
/dev/sdb3        16779264    18417663      819200   83  Linux
/dev/sdb4        18417664    41943039    11762688    5  Extended
/dev/sdb5        18419712    24711167     3145728   83  Linux
/dev/sdb6        24713216    31004671     3145728   83  Linux
/dev/sdb7        31006720    41492479     5242880   83  Linux
```

**STEP 15** 由于/dev/sdb2 是用作交换分区的，所以需要修改文件系统类型，在 command 后输入 t 子命令，再输入要改变的分区号 2，设置文件系统类型 ID 为 82 即交换文件系统类型，并在 command 命令后输入 w 子命令保存并退出。

```
命令(输入 m 获取帮助): t
分区号 (1-7, 默认 7): 2
Hex 代码(输入 L 列出所有代码): L

 0  空                24  NEC DOS            81  Minix / 旧 Linu  bf  Solaris
 1  FAT12             27  隐藏的 NTFS Win    82  Linux 交换 / So  c1  DRDOS/sec (FAT-
 2  XENIX root        39  Plan 9             83  Linux            c4  DRDOS/sec (FAT-
 3  XENIX usr         3c  PartitionMagic     84  OS/2 隐藏的 C:   c6  DRDOS/sec (FAT-
 4  FAT16 <32M        40  Venix 80286        85  Linux 扩展       c7  Syrinx
 5  扩展              41  PPC PReP Boot      86  NTFS 卷集        da  非文件系统数据
 6  FAT16             42  SFS                87  NTFS 卷集        db  CP/M / CTOS / .
 7  HPFS/NTFS/exFAT   4d  QNX4.x             88  Linux 纯文本     de  Dell 工具
 8  AIX               4e  QNX4.x 第2部分     8e  Linux LVM        df  BootIt
 9  AIX 可启动        4f  QNX4.x 第3部分     93  Amoeba           e1  DOS 访问
 a  OS/2 启动管理器   50  OnTrack DM         94  Amoeba BBT       e3  DOS R/O
 b  W95 FAT32         51  OnTrack DM6 Aux 9f     BSD/OS           e4  SpeedStor
 c  W95 FAT32 (LBA)   52  CP/M               a0  IBM Thinkpad 休  eb  BeOS fs
 e  W95 FAT16 (LBA)   53  OnTrack DM6 Aux a5     FreeBSD          ee  GPT
 f  W95 扩展 (LBA)    54  OnTrackDM6         a6  OpenBSD          ef  EFI (FAT-12/16/
10  OPUS              55  EZ-Drive           a7  NeXTSTEP         f0  Linux/PA-RISC
11  隐藏的 FAT12      56  Golden Bow         a8  Darwin UFS       f1  SpeedStor
12  Compaq 诊断       5c  Priam Edisk        a9  NetBSD           f4  SpeedStor
14  隐藏的 FAT16 <3   61  SpeedStor          ab  Darwin 启动      f2  DOS 次要
16  隐藏的 FAT16      63  GNU HURD or Sys    af  HFS / HFS+       fb  VMware VMFS
17  隐藏的 HPFS/NTF   64  Novell Netware     b7  BSDI fs          fc  VMware VMKCORE
18  AST 智能睡眠      65  Novell Netware     b8  BSDI swap        fd  Linux raid 自动
1b  隐藏的 W95 FAT3   70  DiskSecure 多启    bb  Boot Wizard 隐   fe  LANstep
1c  隐藏的 W95 FAT3   75  PC/IX              be  Solaris 启动     ff  BBT
1e  隐藏的 W95 FAT1   80  旧 Minix

Hex 代码(输入 L 列出所有代码): 82
已将分区"Linux"的类型更改为"Linux swap / Solaris"

命令(输入 m 获取帮助): w
The partition table has been altered!

Calling ioctl() to re-read partition table.

WARNING: Re-reading the partition table failed with error 16: 设备或资源忙.
The kernel still uses the old table. The new table will be used at
the next reboot or after you run partprobe(8) or kpartx(8)
正在同步磁盘.
```

**STEP 16** 分别格式化这几个分区。

#mkfs −t ext4 /dev/sdb1

#mkfs −t ext4 /dev/sdb2

#mkfs −t ext4 /dev/sdb3

#mkfs −t ext4 /dev/sdb5

#mkfs −t ext4 /dev/sdb6

#mkfs −t ext4 /dev/sdb7

**STEP 17** 新建目录。

#mkdir /test

#mkdir /backup

#mkdir /userfile

**STEP 18** 分别将这几个分区挂载到对应的目录下。

\#mount /dev/sdb1 /backup
\#mount /dev/sdb3 /test
\#mount /dev/sdb5 /var
\#mount /dev/sdb6 /userfile
\#mount /dev/sdb7 /home

# Chapter 6

## 项目六
## Linux 网络基础

# 项目六 Linux 网络基础

## ■ 项目任务

公司总部和分支机构的所有 Linux 服务器,都还没有配置 TCP/IP 网络参数,请设置好各项 TCP/IP 参数,并连通网络。以 FTP 服务器为例,FTP 服务器处于 192.168.0.0/24 网段内,为了使该服务器联网,需要进行如下配置:FTP 服务器名为 ftp.amy.com,ip 地址 192.168.0.4,子网掩码 255.255.255.0,网关 192.168.0.254,DNS 服务器 IP 地址为 192.168.0.1。

## ■ 任务分解

- 配置网络。通过图形界面或命令配置网络。
- 管理网络。使用网络管理工具管理网络。

## ■ 教学目标

- 掌握网络配置文件的使用。
- 熟悉配置和管理网络。

## 6.1 网络配置

### 6.1.1 网络分类

计算机网络,是指将地理位置不同的具有独立功能的多台计算机及其外部设备,通过通信线路连接起来,在网络操作系统、网络管理软件及网络通信协议的管理和协调下,实现资源共享和信息传递的计算机系统。

从不同的角度对网络有不同的分类方法。了解网络的分类方法和类型特征,是熟悉网络技术的重要基础之一。

**1. 按地理位置进行分类**

(1)局域网(LAN):一般限定在较小的区域内,小于 10km 的范围,通常采用有线的方式连接起来。局域网在计算机数量配置上没有太多的限制,少的可以只有两台,多的可达几百台。一般来说在企业局域网中,工作站的数量在几十到两百台左右。局域网一般位于一个建筑物或一个单位内。

(2)城域网(MAN):规模局限在一座城市的范围内,10~100km 的区域。MAN 与 LAN 相比扩展的距离更长,连接的计算机数量更多,在地理范围上可以说是 LAN 网络的延伸。在一个大型城市或都市地区,一个 MAN 网络通常连接着多个 LAN 网,如连接政府机构的 LAN、医院的 LAN、电信的 LAN、公司企业的 LAN 等。由于光纤连接的引入,使 MAN 中高速的 LAN 互连成为可能。

(3)广域网(WAN):网络跨越国界、洲界,甚至全球范围。这种网络也称为远程网,所覆盖的范围比城域网(MAN)更广,它一般是将不同城市之间的 LAN 或者 MAN 网络互联,地理范围可包含几百公里到几千公里。因为距离较远,信息衰减比较严重,所以这种网络一般需要租用专线,通过 IMP(接口信息处理)协议和线路连接起来,构成网状结构,解决循径问题。

在这三种类型的网络中,局域网是组成其他两种类型网络的基础,是在现实生活中我们真正遇到得最多的网络。城域网一般都加入了广域网。广域网的典型代表是 Internet 网。

**2. 按传输介质进行分类**

(1) 有线网: 采用同轴电缆和双绞线来连接的计算机网络。

同轴电缆网是一种常见的连网方式。它比较经济, 安装也较为便利, 但传输率和抗干扰能力一般, 传输距离较短。

双绞线网是目前最常见的连网方式。它价格便宜, 安装方便, 但易受干扰, 传输率较低, 传输距离比同轴电缆要短。

(2) 光纤网: 光纤网也是有线网的一种, 但由于其特殊性而单独列出, 光纤网采用光导纤维作传输介质。光纤传输距离长, 传输率高, 可达数 Gbit/s, 抗干扰性强, 不会受到电子监听设备的监听, 是高安全性网络的理想选择。不过由于其价格较高, 且需要高水平的安装技术, 所以尚未普及。

(3) 无线网: 用电磁波作为载体来传输数据, 无线网联网费用较高, 还不太普及。但由于联网方式灵活方便, 是一种很有前途的连网方式。

### 6.1.2 网络配置文件

在 Linux 系统中, TCP/IP 网络是通过若干个文本文件进行配置的, 需要编辑这些文件来完成联网工作, 这些文件一般存放在/etc 目录下。

**1. NetworkManager**

Red Hat Enterprise Linux 7 中默认的网络服务由 NetworkManager 提供, 这是动态控制及配置网络的守护进程, 它用于保持当前网络设备及连接处于工作状态, 同时也支持传统的 ifcfg 类型的配置文件。

NetworkManager 可以用于以下类型的连接: Ethernet, VLANS, Bridges, Bonds, Teams, Wi-Fi, mobile boradband (如移动 3G) 以及 IP-over-InfiniBand。针对于这些网络类型, NetworkManager 可以配置他们的网络别名, IP 地址, 静态路由, DNS, VPN 连接以及很多其他的特殊参数。

可以用命令行工具 nmcli 来控制 NetworkManager。

语法格式: nmcli   [选项]   对象   {命令 | 帮助}

nmcli 命令的主要对象有以下两个。

connection: 连接, 偏重于逻辑设置。

device: 网络接口, 是物理设备。

添加一张物理网卡设备后, 需为该网卡添加连接才能工作。网络设备名称和网络连接名称可以不相同。多个连接可以应用至同一个网络接口, 但同一时间只能启用其中一个连接。这样可以针对一个网络接口设置多个网络连接, 比如静态 IP 和动态 IP, 再根据需要启动相应的连接。

例如, 显示所有的连接, 如下所示:

```
[root@localhost 桌面]# nmcli connection show
名称    UUID                                    类型             设备
eth0    06ee2db0-0d2c-4bef-82db-d0b1d1578869    802-3-ethernet   --
```

Red Hat Enterprise Linux 7 中网卡命名规则被重新定义, 网卡名称可能为 eno167777xx。

例如, 查看设备的连接, 如下所示, 有网卡设备 eno16777736 和本地回环设备 lo。

```
[root@localhost 桌面]# nmcli device status
设备              类型        状态      CONNECTION
eno16777736      ethernet    已断开     --
lo               loopback    未管理     --
```

例如，在网卡 eth0 上配置两个连接，一个连接采用 DHCP 自动获得地址，另外一个连接采用静态方式（static）指定 IP 地址，静态配置 IP 地址为 192.168.10.3，网关为 192.168.10.254。

（1）eth0 现在是 DHCP 获得 ip 地址方式，启用网络设备 eth0 后，可查看 eth0 获得 IP 地址 192.168.15.128，设备 eth0 上连接的 eth0 连接，如下所示：

```
[root@localhost 桌面]# nmcli device connect eth0
Device 'eth0' successfully activated with '06ee2db0-0d2c-4bef-82db-d0b1d1578869'.
[root@localhost 桌面]# ifconfig
eth0: flags=4163<UP,BROADCAST,RUNNING,MULTICAST>  mtu 1500
        inet 192.168.15.128  netmask 255.255.255.0  broadcast 192.168.15.255
        inet6 fe80::20c:29ff:fe18:da62  prefixlen 64  scopeid 0x20<link>
        ether 00:0c:29:18:da:62  txqueuelen 1000  (Ethernet)
        RX packets 880  bytes 57996 (56.6 KiB)
        RX errors 0  dropped 0  overruns 0  frame 0
        TX packets 123  bytes 16747 (16.3 KiB)
        TX errors 0  dropped 0 overruns 0  carrier 0  collisions 0

lo: flags=73<UP,LOOPBACK,RUNNING>  mtu 65536
        inet 127.0.0.1  netmask 255.0.0.0
        inet6 ::1  prefixlen 128  scopeid 0x10<host>
        loop  txqueuelen 0  (Local Loopback)
        RX packets 669  bytes 57440 (56.0 KiB)
        RX errors 0  dropped 0  overruns 0  frame 0
        TX packets 669  bytes 57440 (56.0 KiB)
        TX errors 0  dropped 0 overruns 0  carrier 0  collisions 0

[root@localhost 桌面]# nmcli device status
设备      类型        状态       CONNECTION
eth0     ethernet    连接的      eth0
lo       loopback    未管理      --
```

（2）创建新连接，连接名为 static，设置 IP 地址为 192.168.10.3，网关为 192.168.10.254。

```
[root@localhost 桌面]# nmcli connection add con-name static ifname eth0 autoconnect
 no type ethernet ip4 192.168.10.3/24 gw4 192.168.10.254
Connection 'static' (266c5eb6-4e26-4486-9747-d22edfc64726) successfully added.
```

注意：以上命令执行过程中会自动生成/etc/sysconfig/network-scripts/ifcfg-，并且相关内容已经添加进文件内部，无论是 DHCP 还是静态获得地址。

以上命令结束后，访问网卡配置文件所在目录进行查看，可见已生成文件 ifcfg-static，如下所示：

```
[root@localhost 桌面]# cd /etc/sysconfig/network-scripts/
[root@localhost network-scripts]# ls
ifcfg-eth0       ifdown-post      ifup-bnep      ifup-routes
ifcfg-lo         ifdown-ppp       ifup-eth       ifup-sit
ifcfg-static     ifdown-routes    ifup-ippp      ifup-Team
ifdown           ifdown-sit       ifup-ipv6      ifup-TeamPort
ifdown-bnep      ifdown-Team      ifup-isdn      ifup-tunnel
ifdown-eth       ifdown-TeamPort  ifup-plip      ifup-wireless
ifdown-ippp      ifdown-tunnel    ifup-plusb     init.ipv6-global
ifdown-ipv6      ifup             ifup-post      network-functions
ifdown-isdn      ifup-aliases     ifup-ppp       network-functions-ipv6
```

（3）查看所有的连接可见有 eth0 和 static 两个连接。

```
[root@localhost 桌面]# nmcli connection show
名称    UUID                                    类型              设备
eth0    06ee2db0-0d2c-4bef-82db-d0b1d1578869   802-3-ethernet  eth0
static  266c5eb6-4e26-4486-9747-d22edfc64726   802-3-ethernet  --
```

（4）查看当前的活动连接，可见只有 eth0 连接，通过 ifconfig 查看时可见网卡设备上的地址为 192.168.15.258。

```
[root@localhost 桌面]# nmcli connection show --active
名称   UUID                                    类型              设备
eth0   06ee2db0-0d2c-4bef-82db-d0b1d1578869   802-3-ethernet  eth0
[root@localhost 桌面]# ifconfig
eth0: flags=4163<UP,BROADCAST,RUNNING,MULTICAST>  mtu 1500
        inet 192.168.15.128  netmask 255.255.255.0  broadcast 192.168.15.255
        inet6 fe80::20c:29ff:fe18:da62  prefixlen 64  scopeid 0x20<link>
        ether 00:0c:29:18:da:62  txqueuelen 1000  (Ethernet)
        RX packets 2497  bytes 165232 (161.3 KiB)
        RX errors 0  dropped 0  overruns 0  frame 0
        TX packets 272  bytes 31747 (31.0 KiB)
        TX errors 0  dropped 0 overruns 0  carrier 0  collisions 0

lo: flags=73<UP,LOOPBACK,RUNNING>  mtu 65536
        inet 127.0.0.1  netmask 255.0.0.0
        inet6 ::1  prefixlen 128  scopeid 0x10<host>
        loop  txqueuelen 0  (Local Loopback)
        RX packets 677  bytes 58280 (56.9 KiB)
        RX errors 0  dropped 0  overruns 0  frame 0
        TX packets 677  bytes 58280 (56.9 KiB)
        TX errors 0  dropped 0 overruns 0  carrier 0  collisions 0
```

（5）启用连接 static。

```
[root@localhost 桌面]# nmcli connection up static
Connection successfully activated (D-Bus active path: /org/freedesktop/NetworkManage
r/ActiveConnection/4)
```

（6）查看当前的活动连接，可见只有 static 连接，通过 ifconfig 查看时可见网卡设备上的地址为 192.168.10.3。

```
[root@localhost 桌面]# ifconfig
eth0: flags=4163<UP,BROADCAST,RUNNING,MULTICAST>  mtu 1500
        inet 192.168.10.3  netmask 255.255.255.0  broadcast 192.168.10.255
        inet6 fe80::20c:29ff:fe18:da62  prefixlen 64  scopeid 0x20<link>
        ether 00:0c:29:18:da:62  txqueuelen 1000  (Ethernet)
        RX packets 2739  bytes 180847 (176.6 KiB)
        RX errors 0  dropped 0  overruns 0  frame 0
        TX packets 341  bytes 39263 (38.3 KiB)
        TX errors 0  dropped 0 overruns 0  carrier 0  collisions 0

lo: flags=73<UP,LOOPBACK,RUNNING>  mtu 65536
        inet 127.0.0.1  netmask 255.0.0.0
        inet6 ::1  prefixlen 128  scopeid 0x10<host>
        loop  txqueuelen 0  (Local Loopback)
        RX packets 688  bytes 59432 (58.0 KiB)
        RX errors 0  dropped 0  overruns 0  frame 0
        TX packets 688  bytes 59432 (58.0 KiB)
        TX errors 0  dropped 0 overruns 0  carrier 0  collisions 0
```

例如，删除网卡配置连接 static。

```
[root@localhost 桌面]# nmcli connection delete static
```

例如，停止网络接口 eth0，如下所示：

```
[root@localhost 桌面]# nmcli device disconnect eth0
```

例如，为网卡设备 eth0 增加一个新的连接，使用 DHCP 分配 IP 地址、网关、DNS 等，名为 NEW，并激活。

（1）创建新连接 NEW。

```
[root@localhost 桌面]# nmcli connection add type ethernet con-name NEW ifname eth0
Connection 'NEW' (13bb608a-938b-426f-b799-b9f1be58966b) successfully added.
```

（2）激活连接 NEW，命令 ifconfig 查看，可见现在的 eth0 的地址应用在连接 NEW 上，DHCP 获得地址。

```
[root@localhost 桌面]# nmcli connection up NEW
Connection successfully activated (D-Bus active path: /org/freedesktop/NetworkManager/ActiveConnection/1)
[root@localhost 桌面]# ifconfig
eth0:  flags=4163<UP,BROADCAST,RUNNING,MULTICAST>  mtu 1500
       inet 192.168.15.128  netmask 255.255.255.0  broadcast 192.168.15.255
       inet6 fe80::20c:29ff:fe18:da62  prefixlen 64  scopeid 0x20<link>
       ether 00:0c:29:18:da:62  txqueuelen 1000  (Ethernet)
       RX packets 907  bytes 56350 (55.0 KiB)
       RX errors 0  dropped 0  overruns 0  frame 0
       TX packets 56  bytes 8343 (8.1 KiB)
       TX errors 0  dropped 0 overruns 0  carrier 0  collisions 0

lo:  flags=73<UP,LOOPBACK,RUNNING>  mtu 65536
       inet 127.0.0.1  netmask 255.0.0.0
       inet6 ::1  prefixlen 128  scopeid 0x10<host>
       loop  txqueuelen 0  (Local Loopback)
       RX packets 27  bytes 2484 (2.4 KiB)
       RX errors 0  dropped 0  overruns 0  frame 0
       TX packets 27  bytes 2484 (2.4 KiB)
       TX errors 0  dropped 0 overruns 0  carrier 0  collisions 0
```

（3）查看所有可见的连接有 eth0 和 NEW，NEW 连接在设备 eth0 上，查看活动连接可见只有 NEW。

```
[root@localhost 桌面]# nmcli connection show
名称    UUID                                      类型              设备
NEW     13bb608a-938b-426f-b799-b9f1be58966b      802-3-ethernet    eth0
eth0    06ee2db0-0d2c-4bef-82db-d0b1d1578869      802-3-ethernet    --
[root@localhost 桌面]# nmcli connection show --active
名称    UUID                                      类型              设备
NEW     13bb608a-938b-426f-b799-b9f1be58966b      802-3-ethernet    eth0
```

例如，修改 DNS 服务器地址首选为 202.202.202.203，备用为 202.202.202.202。

```
[root@localhost 桌面]# nmcli connection modify NEW ipv4.dns "202.202.202.203 202.202.202.202"
```

### 2. 网络接口配置文件

对于 Red Hat Enterprise Linux 系统，网络接口配置文件位于/etc/sysconfig/network-scripts 目录中，名称为 ifcfg-interface-name。配置文件包含了初始化接口所需的大部分详细信息，可用于配置 IP、掩码和网关等。其中 interface-name 将根据网卡的类型和排序而不同，一般其名字为 eth0、eth1、ppp0 等，其中 eth 表示以太类型网卡，0 表示第一块网卡，1 表示第二块网卡，而 ppp0 则表示第一个 point-to-poirt protocol 网络接口。在网卡配置文件中，各字段的作用如下所示：

- DEVICE=name　　　　`name 是物理设备名
- IPADDR=addr　　　　`addr 是 IP 地址
- HWADDR=addr　　　　`addr 是物理地址

- NETMASK=mask　　`mask 是网络掩码值
- NETWORK=addr　　`addr 是网络地址
- BROADCAST=addr　`addr 是广播地址
- GATEWAY=addr　　`addr 是网关地址
- ONBOOT=answer　 `answer 是 yes（引导时激活设备）或 no（引导时不激活设备）
- USERCTL=answer　`answer 是 yes（非 root 用户可以控制该设备）或 no
- BOOTPROTO=proto　proto 取下列值之一：none，引导时不使用协议；static，静态分配地址；bootp，使用 BOOTP 协议；DHCP，使用 DHCP。

若希望手工修改网络地址或增加新的网络连接，可以通过修改对应的文件 ifcfg-interface-name 或创建新的文件来实现。

初始安装 Red Hat Enterprise Linux 7.0 系统后，在/etc/sysconfig/network-scripts 目录中不存在 eth0 的文件，网卡的命名一般为 ifcfg-eno167777xx 的形式。在 Red Hat Enterprise Linux 6 以前的版本中，网卡是以 eth0、eth1 的方式命名的。

网卡命名机制 systemd 对网络设备的命名方式如下。

（1）如果 Firmware 或 BIOS 为主板上集成的设备提供的索引信息可用，且可预测，则根据此索引进行命名，如 eno1。

（2）如果 Firmware 或 BIOS 为 PCI-E 扩展槽所提供的索引信息可用，且可预测，则根据此索引进行命名，如 ens1。

（3）如果硬件接口的物理位置信息可用，则根据此信息进行命名，如 enp2s0。

（4）如果用户显式启动，也可根据 MAC 地址进行命名，enx2387a1dc56。

（5）上述均不可用时，则使用传统命名机制。

名称组成格式如下：

en: Ethernet 有线局域网

wl: wlan 无线局域网

ww: wwan 无线广域网

名称类型如下：

o: 集成设备的设备索引号

s: 扩展槽的索引号

x: 基于 MAC 地址的命名

ps: enp2s1

为方便配置，可以通过以下步骤将 Red Hat Enterprise Linux 7 的网卡命名方式修改成与以前版本一致。

（1）访问网卡配置文件所在目录，查看有网卡配置文件 ifcfg-eno16777736。

```
[root@localhost 桌面]# cd /etc/sysconfig/network-scripts/
[root@localhost network-scripts]# ls
ifcfg-eno16777736   ifdown-ppp      ifup-eth     ifup-sit
ifcfg-lo            ifdown-routes   ifup-ippp    ifup-Team
ifdown              ifdown-sit      ifup-ipv6    ifup-TeamPort
ifdown-bnep         ifdown-Team     ifup-isdn    ifup-tunnel
ifdown-eth          ifdown-TeamPort ifup-plip    ifup-wireless
ifdown-ippp         ifdown-tunnel   ifup-plusb   init.ipv6-global
ifdown-ipv6         ifup            ifup-post    network-functions
```

```
ifdown-isdn          ifup-aliases       ifup-ppp      network-functions-ipv6
ifdown-post          ifup-bnep          ifup-routes
```

(2)将网卡配置文件 ifcfg-eno1677736 重命名为 ifcfg-eth0。

```
[root@localhost network-scripts]# mv ifcfg-eno16777736 ifcfg-eth0
```

(3)修改 grub 来禁用该命名规则。

编辑 grub 配置文件 "/etc/sysconfig/grub",在 "GRUB_CMDLINE_LINUX" 变量中添加一句 "net.ifnames=0 biosdevname=0",如下所示:

```
GRUB_TIMEOUT=5
GRUB_DISTRIBUTOR="$(sed 's, release .*$,,g' /etc/system-release)"
GRUB_DEFAULT=saved
GRUB_DISABLE_SUBMENU=true
GRUB_TERMINAL_OUTPUT="console"
GRUB_CMDLINE_LINUX=" rd.lvm.lv=rhel/root crashkernel=auto rd.lvm.lv=rhel/swap vc
onsole.font=latarcyrheb-sun16 vconsole.keymap=us rhgb quiet net.ifnames=0 biosde
vname=0"
GRUB_DISABLE_RECOVERY="true"
```

(4)重新生成 grub 配置并更新内核参数。

```
[root@localhost network-scripts]# grub2-mkconfig -o /boot/grub2/grub.cfg
Generating grub configuration file ...
Found linux image: /boot/vmlinuz-3.10.0-123.el7.x86_64
Found initrd image: /boot/initramfs-3.10.0-123.el7.x86_64.img
Found linux image: /boot/vmlinuz-0-rescue-9e8ac84ad72642028c1e774515d83dcf
Found initrd image: /boot/initramfs-0-rescue-9e8ac84ad72642028c1e774515d83dcf.im
g
done
```

(5)重启系统后查看网卡名称,如下所示,已变为 eth0。

```
[root@localhost 桌面]# nmcli device status
设备      类型        状态       CONNECTION
eth0     ethernet    已断开      --
lo       loopback    未管理      --
```

例如,通过网络接口配置文件,设置 ftp 服务器所在计算机的 ip 地址为静态分配——192.168.0.4,子网掩码为 255.255.255.0,默认网关为 192.168.0.254。

(1)通过以下步骤打开网络接口配置文件 ifcfg-eth0。

```
[root@localhost 桌面]# cd /etc/sysconfig/network-scripts/
[root@localhost network-scripts]# vi ifcfg-eth0
```

(2)按照题目要求,对网络接口文件进行如下修改。

```
TYPE=Ethernet
BOOTPROTO=static
DEFROUTE=yes
IPV4_FAILURE_FATAL=no
IPV6INIT=yes
IPV6_AUTOCONF=yes
IPV6_DEFROUTE=yes
IPV6_FAILURE_FATAL=no
NAME=eth0
UUID=06ee2db0-0d2c-4bef-82db-d0b1d1578869
ONBOOT=no
IPADDR0=192.168.0.4
GATEWATY=192.168.0.254
PREFIX0=24
HWADDR=00:0C:29:18:DA:62
DNS1=202.202.202.202
PEERDNS=yes
PEERROUTES=yes
IPV6_PEERDNS=yes
IPV6_PEERROUTES=yes
```

（3）参数配置完毕后，保存文件，启用激活连接 eth0，使得最新设置值可以生效。

```
[root@localhost network-scripts]# nmcli connection up eth0
Connection successfully activated (D-Bus active path: /org/freedesktop/NetworkMa
nager/ActiveConnection/5)
```

（4）使用 ifconfig 命令查看网络设备状况。

```
[root@localhost network-scripts]# ifconfig eth0
eth0: flags=4163<UP,BROADCAST,RUNNING,MULTICAST>  mtu 1500
        inet 192.168.0.4  netmask 255.255.255.0  broadcast 192.168.0.255
        inet6 fe80::20c:29ff:fe18:da62  prefixlen 64  scopeid 0x20<link>
        ether 00:0c:29:18:da:62  txqueuelen 1000  (Ethernet)
        RX packets 3137  bytes 205146 (200.3 KiB)
        RX errors 0  dropped 0  overruns 0  frame 0
        TX packets 385  bytes 43935 (42.9 KiB)
        TX errors 0  dropped 0 overruns 0  carrier 0  collisions 0
```

### 3. /etc/hosts 配置文件

在局域网或万维网中，每台主机都有一个 ip 地址，以此区分每台主机，并可以根据 ip 地址进行通信。但是 ip 地址不符合人脑的记忆规律，因此出现了域名方便人们的记忆，例如 www.baidu.com。而域名与 IP 地址之间的映射关系在 Internet 上是通过域名服务器完成解析的。

/etc/hosts 文件是 Linux 系统中一个负责 ip 地址与主机名快速解析的文件。hosts 文件的作用相当于 DNS，提供 IP 地址与主机名 hostname 的对应。早期的互联网计算机少，单机 hosts 文件里足够存放所有联网计算机的 IP 地址与主机名对应信息。不过随着互联网的发展，这已经远远不够了。于是就出现了分布式的 DNS 系统，由 DNS 服务器来提供类似的 IP 地址到域名的对应。Linux 系统在向 DNS 服务器发出域名解析请求之前会查询/etc/hosts 文件，如果里面有相应的记录，就会使用 hosts 里面的记录。可见，/etc/hosts 对于设置主机名 hostname 是没有直接关系的，仅仅当你要在本机上用新的 hostname 来映射自己 IP 的时候才会用到/etc/hosts 文件，两者没有必然的联系。

至于主机名（hostname）和域名（domain）的区别在于主机名通常在局域网内使用，通过 hosts 文件，主机名就被解析到对应 IP；域名通常在 Internet 上使用，但如果本机不想使用 Internet 上的域名解析，这时就可以更改 hosts 文件，加入自己的域名解析。主机名的修改可以通过命令 hostname 实现。

例如，通过/etc/hosts 文件设置主机名与 ip 地址之间的对应关系：FTP 服务器名为 ftp.amy.com，ip 地址为 192.168.0.4，具体操作参看如下的/etc/hosts 文件内容。

```
127.0.0.1       localhost localhost.localdomain localhost4 localhost4.localdomain4
::1             localhost localhost.localdomain localhost6 localhost6.localdomain6
192.168.0.4 ftp.amy.com
```

一般情况下 hosts 文件的每行代表一个主机，每行由三部分组成，每两个部分间由空格隔开，所代表的含义分别如下。

第一部分：网络 IP 地址。
第二部分：主机名或域名。
第三部分：主机名别名。
当然每行也可以是两部分，即主机 IP 地址和主机名。

### 4. /etc/resolv.conf 配置文件

/etc/resolv.conf，它是 DNS 客户机配置文件，用于设置 DNS 服务器的 IP 地址及 DNS 域名，还包含了主机的域名搜索顺序。它的格式很简单，每行以一个关键字开头，后接一个或多个由空格隔开的参数。

resolv.conf 的关键字如下所示。

nameserver：定义 DNS 服务器的 IP 地址，可以有很多行的 nameserver，每一行带一个 IP 地址。在查询时就按 nameserver 在本文件中的顺序进行，且只有当第一个 nameserver 没有反应时才查询下面的 nameserver。

domain：声明主机的域名。有很多程序需要用到它，如邮件系统；当为没有域名的主机进行 DNS 查询时，也要用到。如果没有域名，主机名将被使用，删除所有在第一个点（.）前面的内容。

search:它的多个参数指明域名查询顺序。当要查询没有域名的主机时，主机将在由 search 声明的域中分别查找。例如，"search amy.com"表示当提供了一个不包括完全域名的主机名时，在该主机名后添加 amy.com 的后缀；domain 和 search 不能共存；如果同时存在，后面出现的将会被使用。

下面我们给出一个 resolv.conf 的例子：

```
search    amy.com
nameserver 192.168.0.1
nameserver 192.168.0.10
```

由上可知，这个 DNS 客户机将在 amy.com 域中查找没有域名的主机，主域名服务器地址为 192.168.0.1，备用域名服务器地址为 192.168.0.10。

### 6.1.3　图形化界面网络管理

Linux 操作系统中的网络配置也可以通过图形界面实现，"应用程序"—"系统工具"—"设置"打开设置界面，可看到"网络"按钮，如图 6-1 所示。

图6-1　设置界面

单击"网络"按钮，弹出网络设置窗口，如图 6-2 所示。在"有线"选项，可看到正在使用的连接 NEW 及对应的 IP 地址，未使用的连接 eth0 等信息。在此界面，可单击"添加配置"

按钮，增加新的连接。

图6-2　网络设置界面

如需更改连接参数，单击连接右边的 ✿ 按钮，在弹出连接的设置界面，如图 6-3 所示，有详细信息、安全性、认证、IPv4、IPv6、重置这六个选项页，在 IPv4 选项页时可设置地址获取方式、DNS 等信息。

图6-3　连接界面

## 6.2　网络管理工具

### 6.2.1　网络配置命令 ifconfig

ifconfig 是一个用来查看、配置、启用或禁用网络接口的工具，这个工具极为常用，可以用来临时性的配置网卡的 IP 地址、掩码、广播地址、网关等。

ifconfig 查看网络接口状态，如下所示，可看到 eth0 网络接口上配置的 IP 地址为 192.168.15.128，物理地址（MAC 地址）为 00:0c:29:18:da:62，广播地址为 192.168.15.255，掩码为 255.255.255.255，本地回环拉口 lo 的 IP 地址为 127.0.0.1。

```
[root@localhost 桌面]# ifconfig
eth0:  flags=4163<UP,BROADCAST,RUNNING,MULTICAST>  mtu 1500
       inet 192.168.15.128  netmask 255.255.255.0  broadcast 192.168.15.255
       inet6 fe80::20c:29ff:fe18:da62  prefixlen 64  scopeid 0x20<link>
       ether 00:0c:29:18:da:62  txqueuelen 1000  (Ethernet)
       RX packets 3025  bytes 203399 (198.6 KiB)
       RX errors 0  dropped 0  overruns 0  frame 0
       TX packets 379  bytes 51886 (50.6 KiB)
       TX errors 0  dropped 0 overruns 0  carrier 0  collisions 0

lo:  flags=73<UP,LOOPBACK,RUNNING>  mtu 65536
       inet 127.0.0.1  netmask 255.0.0.0
       inet6 ::1  prefixlen 128  scopeid 0x10<host>
       loop  txqueuelen 0  (Local Loopback)
       RX packets 77  bytes 7744 (7.5 KiB)
       RX errors 0  dropped 0  overruns 0  frame 0
       TX packets 77  bytes 7744 (7.5 KiB)
       TX errors 0  dropped 0 overruns 0  carrier 0  collisions 0
```

本地回环接口主要用来测试网络，它代表设备的本地虚拟接口，所以默认被看作是永远不会宕掉的接口，一般都会被用来检查本地网络协议、基本数据接口等是否正常等。比如把 Httpd 服务器指定到回坏地址，在浏览器中输入 127.0.0.1 就能看到所架构的 Web 网站了。但只有本机用户能看得到，局域网中的其他主机或用户无从知道。

ifconfig 可以用来配置网络接口的 IP 地址、掩码、网关、物理地址等；但是用 ifconfig 为网卡配置 IP 地址，并不会更改系统关于网卡的配置文件。

用 ifconfig 工具配置网络接口时最常用的参数如下所示。

ifconfig 网络端口 IP 地址 hw MAC 地址 netmask 掩码地址 broadcast 广播地址[up/down]

例如，通过 ifconfig 命令配置 ftp 服务器的 ip 地址为 192.168.0.4，子网掩码为 255.255.255.0。

```
[root@localhost 桌面]# ifconfig eth0 192.168.0.4 netmask 255.255.255.0
[root@localhost 桌面]# ifconfig eth0 up
[root@localhost 桌面]# ifconfig eth0
eth0:  flags=4163<UP,BROADCAST,RUNNING,MULTICAST>  mtu 1500
       inet 192.168.0.4  netmask 255.255.255.0  broadcast 192.168.0.255
       inet6 fe80::20c:29ff:fe18:da62  prefixlen 64  scopeid 0x20<link>
       ether 00:0c:29:18:da:62  txqueuelen 1000  (Ethernet)
       RX packets 3101  bytes 207959 (203.0 KiB)
       RX errors 0  dropped 0  overruns 0  frame 0
       TX packets 397  bytes 55151 (53.8 KiB)
       TX errors 0  dropped 0 overruns 0  carrier 0  collisions 0
```

第一行：用 ifconfig 来配置 eth0 的 IP 地址和网络掩码。

第二行：用 ifconfig eth0 up 来激活 eth0。

第三行：用 ifconfig eth0 来查看 eth0 的状态。

使用 ifconfig 命令激活和终止网络接口时，在 ifconfig 后面接网络接口，然后加上 down 或 up 参数，就可以禁止或激活相应的网络接口。

有时，为了满足不同的需求还要配置虚拟网络接口，比如在同一台机器上用不同的 IP 地址来架设运行多个 Httpd 服务器，就要用到虚拟地址。

虚拟网络接口指的是为一个网络接口指定多个 IP 地址，虚拟接口表示为这样的形式：eth0:0、eth0:1、eth0:2…。如果是为 eth1 指定多个 IP 地址，就可以表示为 eth1:0、eth1:1、eth1:2…，依此类推。

### 6.2.2 网格检测命令 ping

Linux 系统的 ping 命令是常用的网络命令，它通常用来测试与目标主机的连通性。它通过发送 ICMP ECHO_REQUEST 数据包到网络主机，并显示响应情况，这样就可以根据它输出的信息来确定目标主机是否可访问（但这不是绝对的）。有些服务器为了防止通过 ping 被探测到，所以通过防火墙设置了禁止 ping 或者在内核参数中禁止 ping，这样别的计算机就不能通过 ping 确定该主机是否还处于开启状态了。

Linux 下的 ping 和 Windows 下的 ping 稍有区别，Linux 下 ping 不会自动终止，需要按 Ctrl+C 终止或者用参数 –c 指定要求完成的回应次数。

命令格式：ping [参数] [主机名或 IP 地址]

ping 命令的常用可选参数如下所示。

–c 数目：在发送指定数目的包后停止。

–i 秒数：设定间隔几秒发送一个网络封包给一台机器，预设值是一秒送一次。

–s 字节数：指定发送的数据字节数，预设值是 56，加上 8 字节的 ICMP 头，一共是 64ICMP 数据字节。

–t 存活数值：设置存活数值 TTL 的大小。

### 6.2.3 查看网络状态信息命令 netstat

netstat 是一个用来监控 TCP/IP 网络的非常有用的工具，它可以显示路由表、实际的网络连接以及每一个网络接口设备的状态信息。netstat 用于显示与 IP、TCP、UDP 和 ICMP 协议相关的统计数据，一般用于检验本机各端口的网络连接情况。

命令格式：netstat [参数]

netstat 命令的常用可选参数如下所示。

–a（all）：显示所有连线中的 socket，默认不显示 LISTEN 相关。

–t（tcp）：仅显示 tcp 相关选项。

–u（udp）：仅显示 udp 相关选项。

–n：拒绝显示别名，能显示数字的全部转化成数字。

–l：仅列出有在 Listen（监听）的服务状态。

–p：显示建立相关链接的程序名。

–r：显示路由信息，路由表。

–e：显示扩展信息，例如 uid 等。

–s：按各个协议进行统计。

–c：每隔一个固定时间，执行该 netstat 命令。

例如，列出所有端口并分屏显示：

```
[root@localhost 桌面]# netstat -a | more
Active Internet connections (servers and established)
Proto Recv-Q Send-Q Local Address           Foreign Address         State
tcp        0      0 localhost:smtp          0.0.0.0:*               LISTEN
tcp        0      0 0.0.0.0:sunrpc          0.0.0.0:*               LISTEN
tcp        0      0 0.0.0.0:56500           0.0.0.0:*               LISTEN
tcp        0      0 0.0.0.0:ssh             0.0.0.0:*               LISTEN
tcp        0      0 localhost:ipp           0.0.0.0:*               LISTEN
tcp6       0      0 localhost:smtp          [::]:*                  LISTEN
tcp6       0      0 [::]:34671              [::]:*                  LISTEN
tcp6       0      0 [::]:sunrpc             [::]:*                  LISTEN
tcp6       0      0 [::]:ssh                [::]:*                  LISTEN
tcp6       0      0 localhost:ipp           [::]:*                  LISTEN
udp        0      0 0.0.0.0:42025           0.0.0.0:*
udp        0      0 0.0.0.0:bootpc          0.0.0.0:*
udp        0      0 0.0.0.0:sunrpc          0.0.0.0:*
udp        0      0 0.0.0.0:ntp             0.0.0.0:*
udp        0      0 0.0.0.0:mdns            0.0.0.0:*
```

### 6.2.4 设置路由表命令 route

Linux 系统的 route 命令用于显示和操作 IP 路由表。要实现两个不同的子网之间的通信，需要一台连接两个网络的路由器，或者同时位于两个网络的网关来实现。在 Linux 系统中，设置路由通常是为了解决以下问题：该 Linux 系统在一个局域网中，局域网中有一个网关，能够让机器访问 Internet，那么就需要将这台机器的 IP 地址设置为 Linux 机器的默认路由。要注意的是，直接在命令行下执行 route 命令来添加路由，不会永久保存，当网卡重启或者机器重启之后，该路由就失效了。

命令格式：

```
Route [-f] [-p] [Command [Destination] [mask Netmask] [Gateway]
```

route 命令的常用可选参数如下所示。

-c：显示更多信息。

-n：不解析名字。

-v：显示详细的处理信息。

-F：显示发送信息。

-C：显示路由缓存。

-f：清除所有网关入口的路由表。

-p：与 add 命令一起使用时使路由具有永久性。

add：添加一条新路由。

del：删除一条路由。

-net：目标地址是一个网络。

-host：目标地址是一个主机。

netmask：当添加一个网络路由时，需要使用网络掩码。

gw：路由数据包通过网关。注意，你指定的网关必须能够达到。

例如，显示当前路由如下所示。

```
[root@localhost 桌面]# route -n
Kernel IP routing table
Destination     Gateway         Genmask         Flags Metric Ref    Use Iface
0.0.0.0         192.168.15.2    0.0.0.0         UG    1024   0        0 eth0
192.168.0.0     0.0.0.0         255.255.255.0   U     0      0        0 eth0
192.168.15.2    0.0.0.0         255.255.255.255 UH    1024   0        0 eth0
```

由以上命令执行后的显示,可知主机现在的网关为 192.168.15.2,若数据传送目标是在本局域网内通信,则可直接通过 eth0 转发数据包。

其中 Flags 为路由标志,标记当前网络节点的状态。

Flags 标志的常用参数说明如下。

U:Up 表示此路由当前为启动状态。

H:Host,表示此网关为一主机。

G:Gateway,表示此网关为一路由器。

R:Reinstate Route,使用动态路由重新初始化的路由。

D:Dynamically,此路由是动态性地写入。

M:Modified,此路由是由路由守护程序或导向器动态修改。

! 表示此路由当前为关闭状态。

例如,添加和删除默认网关为 192.168.0.254 的操作如下所示:

```
[root@localhost 桌面]# route add default gw 192.168.0.254
[root@localhost 桌面]# route -n
Kernel IP routing table
Destination     Gateway         Genmask         Flags Metric Ref    Use Iface
0.0.0.0         192.168.0.254   0.0.0.0         UG    0      0        0 eth0
0.0.0.0         192.168.15.2    0.0.0.0         UG    1024   0        0 eth0
192.168.0.0     0.0.0.0         255.255.255.0   U     0      0        0 eth0
192.168.15.0    0.0.0.0         255.255.255.0   U     0      0        0 eth0
[root@localhost 桌面]# route del default gw 192.168.0.254
[root@localhost 桌面]# route -n
Kernel IP routing table
Destination     Gateway         Genmask         Flags Metric Ref    Use Iface
0.0.0.0         192.168.15.2    0.0.0.0         UG    1024   0        0 eth0
192.168.0.0     0.0.0.0         255.255.255.0   U     0      0        0 eth0
192.168.15.0    0.0.0.0         255.255.255.0   U     0      0        0 eth0
```

## 6.3 项目实训

**一、实训任务**

根据本章项目要求,需要对网络进行管理,配置 Apache 服务器。

**二、实训目的**

通过本节操作,掌握 Red Hat Enterprise Linux 7.0 中网络的基本配置操作。

**三、实训步骤**

**STEP 1** 通过以下命令配置 Apache 服务器的 IP 地址为 192.168.0.2,子网掩码为 255.255.255.0,网关为 192.168.0.254:

```
#ifconfig eth0 192.168.0.2 netmask 255.255.255.0 up
#route add default gw 192.168.0.254
```

**STEP 2** 通过修改/etc/resolv.conf 文件配置 DNS 服务器地址,以解析域名与 IP 之间的关系:

```
#vi /etc/resolv.conf
  search amy.com
  nameserver 192.168.0.1
```

# 项目七 资源共享服务器配置

■ 项目任务

**任务 1**

总公司需要架设一台 FTP 服务器,服务器的属性如下:

(1)设置只有本地用户 user1 和 user2 可以访问 FTP 服务器,其他用户都不可以访问;
(2)设置将所有本地用户都锁定在家目录中;
(3)设置匿名用户具有上传、下载和创建目录的权限,网络拓扑图如图 7-1 所示。

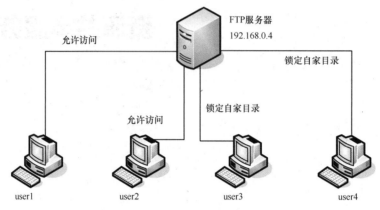

图7-1　FTP服务器

**任务 2**

总公司局域网中存在大量的 Linux 主机和 Windows 主机,Linux 主机之间可以使用 Samba 服务器(192.168.0.5)进行资源的共享。现在公司需要进行一个开发项目,需要使用 Linux 主机和 Windows 主机的用户一起完成,因此需要架设一台文件服务器来实现不同操作系统类型的终端之间的资源共享。局域网的网络地址为 192.168.0.0,新架设的 Samba(文件服务器)IP 地址为 192.168.0.5,网络拓扑图如图 7-2 所示。

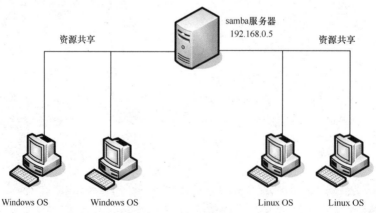

图7-2　Samba服务器

■ 任务分解

- Linux 系统下 vsftpd 服务器的配置方法及 FTP 客户端工具的使用。
- 配置实现匿名用户可以使用上传和下载的功能。

- 配置 Linux 操作系统与 Windows 操作系统资源共享。

■ **教学目标**

- 掌握 FTP 服务的工作过程。
- 熟悉配置和管理 FTP 服务器。
- 掌握 SMB 协议。
- 掌握 Samba 服务实现 Linux 与 Windows 的通信。

## 7.1 FTP 概述

### 7.1.1 FTP 服务工作原理

FTP（File Transfer Protocol，文件传输协议）是局域网和广域网中的协议，应用于 TCP 协议中，主要是用于从一台主机到网络中另外一台主机传送文件的协议，FTP 服务器 21 号端口是用来建立连接的，20 号端口是用来与客户机指定端口之间建立数据连接的。

FTP 客户端计算机请求的过程：

（1）客户端向服务器发出连接请求，同时客户端系统动态地打开一个大于 1024 的端口等候服务器连接（比如 1031 端口）；

（2）若 FTP 服务器在端口 21 侦听到该请求，则会在客户端 1031 端口和服务器之间建立起一个 FTP 会话连接；

（3）当需要数据传输时，FTP 客户端在动态地打开一个大于 1024 的端口（比如 1032 端口）连接到服务器的 20 端口，并在这两个之间进行数据的传输。当数据传完后，这两个端口会自动关闭；

（4）当 FTP 客户端断开与 FTP 服务器的连接时，客户端将自动释放与服务器的连接。

### 7.1.2 FTP 命令

ls：远程显示 FTP 服务器目录文件和子目录列表。

格式：`ls [选项]`

其中选项可以是如下 3 个。
-1：表示用长格式形式查看。
-a：表示显示隐藏文件。
-A：表示显示隐藏文件和。
cd：切换 FTP 远程服务器目录。
lcd：更改本地计算机上的工作目录。默认情况下，工作目录是启动 ftp 的目录。

格式：`lcd 本地目录`

get：将远程 FTP 服务器上的文件复制到本地计算机。

格式：`get 文件名`

put：将本地文件传送到远程 FTP 服务器上。

格式：`put 本地文件名`

在客户端主机访问 FTP 服务器时，命令行中会出现一些数字提示，分别表示的含义如表 7-1 所示。

表 7-1 FTP 连接数字含义

| 数字 | 含义 | 数字 | 含义 |
| --- | --- | --- | --- |
| 125 | 打开数据连接，传输开始 | 230 | 用户登录成功 |
| 200 | 命令被接受 | 331 | 用户名被接受，需要密码 |
| 211 | 系统状态，或者系统返回的帮助 | 421 | 服务不可用 |
| 212 | 目录状态 | 425 | 不能打开数据连接 |
| 213 | 文件状态 | 426 | 连接关闭，传输失败 |
| 214 | 帮助信息 | 452 | 写文件出错 |
| 220 | 服务就绪 | 500 | 语法错误，不可识别的命令 |
| 221 | 控制连接关闭 | 501 | 命令参数错误 |
| 225 | 打开数据连接，当前没有传输进程 | 502 | 命令不能执行 |
| 226 | 关闭数据连接 | 503 | 命令顺序错误 |
| 227 | 进入被动传输状态 | 530 | 登录不成功 |

## 7.2 配置和管理 FTP 服务器

在 Linux 环境中配置一台 FTP 服务器，主要完成 vsftpd 包的安装、主配置文件的编辑和服务器的开启。

### 7.2.1 安装 vsftpd 软件包

vsftpd-3.0.2-9.el7.x86_64.rpm 是配置 FTP 服务器的软件包，使用 rpm 安装软件包，命令如下所示：

```
[root@localhost~]#rpm -ivh /mnt/cdrom/Packages/vsftpd-3.0.2-9.el7.x86_64.rpm
```

### 7.2.2 配置 FTP 服务器

配置 vsftp 服务器，需对一些文件进行设置和修改来完成。vsftpd 服务相关的配置文件包括以下 3 个：

① /etc/vsftpd/vsftpd.conf：vsftpd 服务器的主配置文件。

② /etc/vsftpd.ftpusers：在该文件中列出的用户清单将不能访问 FTP 服务器。

③ /etc/vsftpd.user_list：当/etc/vsftpd/vsftpd.conf 文件中的 "userlist_enable" 和 "userlist_deny" 的值都为 YES 时，在该文件中列出的用户不能访问 FTP 服务器。当/etc/vsftpd/vsftpd.conf 文件中的 "userlist_enable" 的取值为 YES 而 "userlist_deny" 的取值为 NO 时，只有/etc/vstpd.user_list 文件中列出的用户才能访问 FTP 服务器。

**1. FTP 主配置文件**

配置 FTP 服务器，主要完成主配置文件/etc/vsftpd/vsftpd.conf 下面对文件中重要参数进行注释说明。

```
[root@localhost ~]#vi /etc/vsftpd/vsftpd.conf
    12 anonymous_enable=YES
    15 local_enable=YES
    18 write_enable=YES
    27 #anon_upload_enable=YES
    31 #anon_mkdir_write_enable=YES
```

第 12 行设置是否允许匿名用户登录 FTP 服务器；

第 15 行设置是否允许本地用户登录 FTP 服务器；

第 18 行全局性设置，设置是否对登录用户开启写权限；

第 27 行设置是否允许匿名用户上传文件，只有在 write_enable 的值为 yes 时，该配置项才有效；

第 31 行设置是否允许匿名用户创建目录，只有在 write_enable 的值为 yes 时，该配置项才有效。

### 2. 应用示例

（1）设置只有本地用户 user1 和 user2 可以访问 FTP 服务器，其他用户都不可以。

第一步，使用 vi 编辑器打开 vsftpd 的主配置文件和 vstpd.user_list 文件，编辑主配置文件，命令如下：

```
[root@localhost ~]# vi /etc/vsftpd/vsftpd.conf
local_enable=YES
userlist_enable=YES
userlist_deny=NO
userlist_file=/etc/vsftpd.user_list
```

编辑用户文件

```
[root@localhost ~]#vi /etc/vsftpd.user_list
user1
user2
```

第二步，设置 vsftpd 服务器的 IP 地址为 192.168.0.4，如图 7-3 所示。

图7-3　vsftpd服务器的IP地址

第三步，在 FTP 服务器上添加 user1 和 user2 并设置密码为 linux，命令如下：

```
[root@localhost ~]# useradd user1
[root@localhost ~]# passwd user1
[root@localhost ~]# useradd user2
[root@localhost ~]# passwd user2
```

第四步，开启另外一台客户端主机 Linux，设置 IP 地址，如图 7-4 所示，然后使用 ping 命令检查客户端主机与 FTP 服务器的连通性。

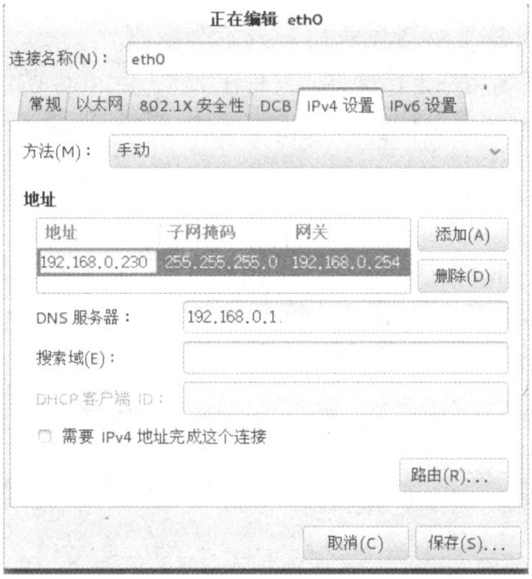

图7-4　另外一台Linux IP地址

```
[root@localhost ~]# ping 192.168.0.4
64 bytes from 192.168.0.4: icmp_seq=1 ttl=64 time=1.48 ms
```

第五步，测试。

① 使用用户 user2 登录 FTP 服务器。

```
[root@myq ~]# lftp 192.168.0.100
Connected to 192.168.0.100.
220 (vsFTPd 2.0.5)
530 Please login with USER and PASS.
530 Please login with USER and PASS.
KERBEROS_V4 rejected as an authentication type
Name (192.168.0.100:root): user2
331 Please specify the password.
Password:
230 Login successful.
Remote system type is UNIX.
Using binary mode to transfer files.
ftp> pwd
257 "/home/user2"
ftp>
230 Login successful.
```

② 使用 wq 用户登录 FTP 服务器。

```
[root@myq ~]# lftp 192.168.0.100
Connected to 192.168.0.100.
220 (vsFTPd 2.0.5)
530 Please login with USER and PASS.
530 Please login with USER and PASS.
KERBEROS_V4 rejected as an authentication type
Name (192.168.0.100:root): wq
530 Permission denied.
Login failed.
```

（2）设置匿名用户具有上传、下载和创建目录的权限。

第一步，编辑主配置文件，去掉#注释符。

```
[root@localhost ~]# vi /etc/vsftpd/vsftpd.conf
   anonymous_enable=YES
   anon_upload_enable=YES
   anon_mkdir_write_enable=YES
```

第二步，检查匿名账户默认目录文件系统权限的设置。

```
[root@localhost ~]# ls -l /var/ftp
总计 8
drwxr-xr-x 2 root root 4096 2009-12-04 pub
[root@localhost ~]# chmod 777 /var/ftp/pub
[root@localhost /]# ls -l /var/ftp
总计 8
drwxrwxrwx 3 root root 4096 11-28 19:52 pub
```

第三步，重启 vsftpd 服务，命令如下：

```
[root@localhost ~]# systemctl restart vsftpd.service
```

第四步，开启一台 Windows XP 的客户机进行测试。需要将 IP 地址设置成与 vsftpd 在同一网段，如图 7-5 所示。使用 ping 命令进行测试，如图 7-6 所示。

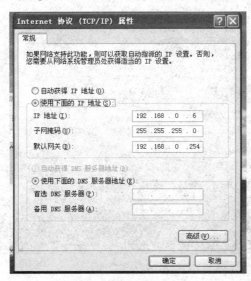

图7-5 客户机的IP地址

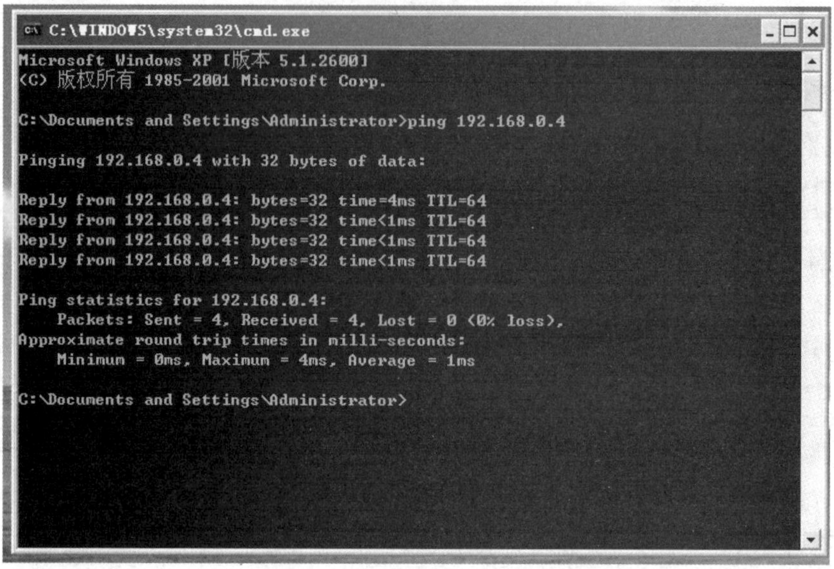

图7-6 客户机的ping vsftpd服务器

第五步，测试匿名用户上传下载和创建目录的权限，如图 7-7 所示；将本地计算机的 123.txt 文件上传到 FTP 服务器，如图 7-8 中的 "put 123.txt" 命令所示；将 FTP 服务器上的 my1 资源下载到本地计算机，如图 7-8 中的 "get my1" 命令所示，下载到本地后的文件 "my1"，如图 7-9 所示。

图7-7 创建目录

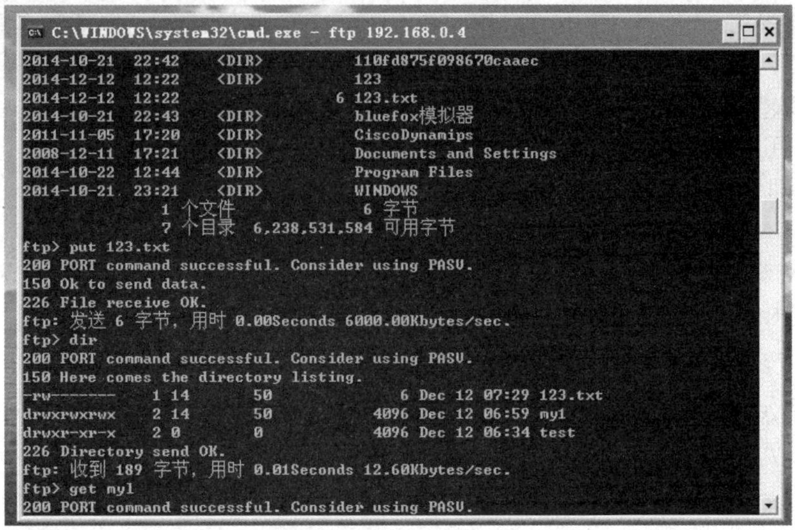

图7-8 上传文件

图7-9 下载文件

## 7.3 配置 Linux 与 Windows 资源共享服务器

### 7.3.1 SMB 协议

SMB（Server Message Block）协议是用来实现在不同操作系统之间共享文件和打印机的一种协议。Samba 使用 SMB 协议在 Linux 和 Windows 之间以及 Linux 与 Linux 之间共享文件和打印机。

### 7.3.2 Samba 服务安装、启动与停止

**1. Samba 服务安装所需要的软件包**

Samba 服务相关的软件包有以下 3 个。

（1）samba-4.1.1-31.el7.x86_64.rpm：Samba 服务端软件。

（2）samba-client-4.1.1-31.el7.x86_64.rpm：Samba 客户端软件。

（3）samba-common-4.1.1-31.el7.x86_64.rpm：包括 Samba 服务器和客户端均需要的文件。

**2. 安装软件包**

在项目应用中，只需安装 Samba 软件包就能够实现服务功能。

（1）使用 find 命令查找 Samba 包，例如：

```
[root@myq ~]# find / -name samba*
/mnt/cdrom/Packages/samba-4.1.1-31.el7.x86_64.rpm
```

（2）使用 rpm 安装 Samba 包，例如：

```
[root@myq ~]# rpm -ivh /mnt/cdrom/Packages/samba-4.1.1-31.el7.x86_64.rpm
```

或者使用 yum 命令安装 Samba 包，当在安装一些软件包的时候，如果有些软件包有依赖关系，可以使用 yum 命令来完成包的一次性安装，例如：

```
[root@myq ~]# yum install samba -y
```

**3. 开启 SMB 服务**

安装完成软件包后，开启 SMB 服务，例如：

```
[root@myq ~]# systemctl start smb.service
```

**4. 创建 Samba 用户**

在 Linux 服务器上新建一个共享目录/dir1，使得用户 user1 和 user2 能够共享访问。

（1）新建共享目录/dir1，并在该目录下添加一些文件和目录，例如：

```
[root@myq ~]# mkdir /dir1
```

（2）添加一个组群 sales，并将用户 user1 和 user2 加入该组群中，例如：

```
[root@myq dir1]# groupadd sales
[root@myq dir1]# usermod -G sales user1
[root@myq dir1]# usermod -G sales user2
```

（3）将 user1 和 user2 添加为 Samba 账号，并设置访问 Samba 服务器的密码，例如：

```
[root@myq dir1]# smbpasswd -a user1
  New SMB password:
  Retype new SMB password:
  Added user user1.
[root@myq dir1]# smbpasswd -a user2
  New SMB password:
  Retype new SMB password:
  Added user user2.
```

**5. 编辑 Samba 服务器主配置文件**

使用 VI 编辑器打开 smb.conf 文件，修改如下：

```
workgroup = WORKGROUP
security = user
[glad]
comment = All Printers
path = /dir1
browseable = yes
```

```
writable = yes
valid users=@sales
```

### 6. 设置共享目录/dir1 权限及所属用户

设置目录/dir1 的权限为 770，所属用户为 user1 和 user2，例如：

```
[root@myq ~]#chmod 770 /dir1
[root@myq ~]#chown user1:sales /dir1
[root@myq ~]#chown user2:sales /dir1
```

### 7. 重启 SMB 服务

```
[root@myq ~]#systemctl restart smb.service
```

### 8. 测试

在 Windows 客户端主机工作组中打开共享资源，在 Linux 操作系统客户端主机上利用 smbclient 命令访问 Windows 和 Linux 共享资源。

命令格式如下：

```
smbclient    //服务器的IP地址/共享目录   访问用户名%用户访问密码
```

## 7.4 项目实训

### 一、实训目的

- 掌握 vsftpd 服务器的配置方法。
- 熟悉 FTP 客户端工具的使用。
- 掌握 Windows 与 Linux 资源共享。

### 二、项目背景

某企业想构建一台资源共享访问服务器，为企业局域网中的计算机提供文件传送任务，客户端计算机采用用户隔离的方式访问服务器上的资源，实现 Windows 与 Linux 资源共享。

### 三、实训内容

练习 Linux 系统下 Vsftpd 服务器的配置方法及 FTP 客户端工具的使用。

### 四、实训步骤

配置 FTP 服务器，安装 vsftpd 包，开启 vsftpd 服务；实现匿名用户和本地用户上传文件。

**STEP 1** 安装 vsftpd 包，开启服务。

```
[root@redhat ~]#yum install vsftpd-y            //安装vsftpd包
[root@redhat ~]# systemctl restart vsftpd       //开启vsftpd服务
[root@redhat ~]#iptables -F                     //关闭防火墙
```

**STEP 2** 设置匿名用户访问目录具有写权限。设置匿名用户访问目录，需要添加其他用户对该目录的写权限，并编辑主配置文件/etc/vsftpd/vsftpd.conf 中允许匿名用户访问，即设置 anonymous_enable=YES，例如：

```
[root@redhat ~]# chmod o+w /var/ftp/pub      //添加其他用户的写权限
[root@redhat ~]# vi /etc/vsftpd/vsftpd.conf   //编辑主配置文件
       anonymous_enable=YES
       write_enable=YES
```

```
            local_umask=077
            anon_upload_enable=YES
            anon_mkdir_write_enable=YES
```

**STEP 3** 重启服务。修改主配置文件后，重新启动 vsftpd 服务，例如：

```
[root@redhat ~]# systemctl restart vsftpd
```

**STEP 4** 客户端访问 FTP。通过匿名用户（用户名为 ftp）和本地 Linux5 用户访问 FTP 服务器，上传文件和下载文件。

**STEP 5** 创建一个 user1 用户并设置密码，然后设置禁止本地 user1 用户登录 FTP 服务器。并开启客户端计算机，使用 user1 用户登录 FTP 服务器，观察运行情况，例如：

```
[root@RHEL4 var]#vi /etc/vsftpd.ftpusers
  //添加下面的行：
  user1
  //重新启动 vsftpd 服务即可
```

**STEP 6** 设置将所有本地用户都锁定在家目录中，开启客户端计算机进行测试，测试运行结果（上传一个文件，观察 Linux 操作系统 ftp 服务器中该用户的目录中是否有该文件存在），例如：

```
//修改 vsftpd.conf 文件，做如下设置
[root@RHEL4 ftp]# vi /etc/vsftpd/vsftpd.conf
chroot_list_enable=NO      //修改该参数的取值为 NO
chroot_local_user=YES      //修改该参数的取值为 YES
//重新启动 vsftpd 服务即可
```

**STEP 7** 设置只有本地用户 user1 和 user2 可以访问 FTP 服务器，开启客户端计算机进行测试（使用 user1、user2 用户登录和其他另外任意一个用户登录，观察结果），例如：

```
//修改 vsftpd.conf 文件，做如下设置：
 [root@RHEL4 ftp]# vi /etc/vsftpd/vsftpd.conf
 userlist_enable=YES             //修改该参数的取值为 YES
 usrelist_deny=NO                //添加此行
 userlist_file=/etc/vsftpd.user_list    //添加此行
//利用 vi 编辑器打开/etc/vsftpd.user_list 文件
 [root@RHEL4 ~]# vi /etc/vsftpd.user_list
//添加如下两行并保存退出：
 user1
 user2
//重新启动 vsftpd 服务即可
```

# Chapter 8

## 项目八
## DHCP 服务器

■ **项目任务**

总公司服务器区的 DHCP 服务器（192.168.0.253）实现给一个网段的计算机动态的分配 IP 地址，即给客户端计算机（client computer1…client computer4）分配的 IP 地址范围在 192.168.0.0 这个网段，服务器区的 DHCP 服务器要给办公区不在一个网段（192.168.1.0）的客户端计算机（client computer5…client computer8）动态分配 IP 地址,通过 DHCP 中继代理服务器（192.168.0.251）实现。网络拓扑图如图 8-1 所示。

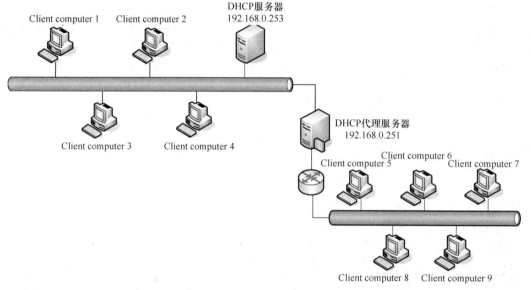

图8-1 DHCP服务器

■ **任务分解**

- 配置和管理 DHCP 服务器。实现 DHCP 服务器给局域网同网段内的计算机自动分配 IP 地址。
- 配置和管理 DHCP 中继代理服务器。DHCP 服务器通过网络中的 DHCP 中继代理服务器给局域网中不同网段内的计算机自动分配 IP 地址。

■ **教学目标**

- 掌握 DHCP 服务的工作过程。
- 熟悉配置和管理 DHCP 服务器。
- 掌握配置和管理 DHCP 中继服务器。

## 8.1 配置和管理 DHCP 服务器

### 8.1.1 DHCP 服务器工作原理

DHCP（Dynamic Host Configuration Protocol，动态主机配置协议）是局域网中的网络协

议，应用 UDP 进行工作。主要为局域网内的客户端计算机自动分配 IP 地址。通常 UDP67 为 DHCP Server 端口，UDP68 为 DHCP Client 端口。

DHCP 客户端计算机请求 IP 的过程如下：

（1）客户端主机使用 0.0.0.0IP 地址和 UDP68 端口在局域网内发送 DHCPDISCOVER 广播包（包含了客户端计算机网卡的 MAC 地址和 NetBIOS 名称）寻找 DHCP 服务器；

（2）DHCP 服务器收到 DHCPDISCOVER 广播包，在局域网中使用 UDP67 端口，发送 DHCPOFFER 广播数据包，包含待出租的 IP 地址及地址租期等；

（3）局域网中客户端主机发送 DHCPREQUEST 广播包（包含选择的 DHCP 服务器的 IP 地址），正式向服务器请求租用分配服务器已提供的 IP 地址；

（4）DHCP 服务器向请求的客户端主机发送 DHCPACK 单播包，正式确认客户端主机的租用请求。

DHCP 客户端计算机更新 IP 租约的过程如下：

当客户端计算机的 IP 租约期限达到 50% 和 87.5% 时，客户端主机会向服务器发出 DHCPREQUEST 信息包，请求 IP 租约的更新。

### 8.1.2 配置和管理 DHCP 服务器

在 Linux 环境中配置一台 DHCP 服务器，主要完成包的安装、主配置文件的编辑和服务器的开启。

**1. 软件包的安装**

dhcp-4.2.5-27.el7.x86_64.rpm 是配置 DHCP 服务器和 DHCP 中继代理程序的软件包。

配置 DHCP 服务器，只需要安装 dhcp-4.2.5-27.el7.x86_64.rpm 包。设 DHCP 包在/run/media/root/RHEL-7.0 Server.x86_64/Packages/目录下。安装 DHCP 包时，如果路径中带有空格，则要用双引号将路径括起来。安装包可以用 rpm 命令安装，也可以用 yum 命令安装。

① 使用 rpm 安装 DHCP 软件包，代码如下所示：

```
[root@localhost ~]# rpm -ivh "/run/media/root/RHEL-7.0 Server.x86_64/Packages/dhcp-4.2.5-27.el7.x86_64.rpm"
```

② 使用 yum 安装 DHCP 软件包，代码如下所示：

首先使用 mount 命令将光盘挂载到 yum 仓库文件中的 file 指定的路径/mnt/cdroom 下，然后安装 DHCP 包，代码如下所示：

```
[root@localhost ~]# mount /dev/sr0 /mnt/cdroom
[root@localhos~]# yum install dhcp -y
```

**2. 配置 DHCP 服务器**

（1）dhcpd.conf 主配置文件

配置 DHCP 服务，要完成主配置文件/etc/dhcpd.conf 的编辑。该主配置文件中需要编辑的内容很多，该文件的内容可以通过模版文件/usr/share/doc/dhcp-4.2.5/dhcpd.conf.example 复制生成。下面对文件中的重要参数进行注释说明。

```
[root@localhost ~]# cp /usr/share/doc/dhcp-4.2.5/dhcpd.conf.example /etc/dhcp/dhcpd.conf
[root@localhost ~]# vi /etc/dhcp/dhcpd.conf
```

```
 1 option domain-name "example.org";
 2 option domain-name-servers ns1.example.org, ns2.example.org;
 3 default-lease-time 600;
 4 max-lease-time 7200;
 5 log-facility local7;
 6 subnet 10.152.187.0 netmask 255.255.255.0 {
 7 }
 8 subnet 10.254.239.0 netmask 255.255.255.224 {
 9   range 10.254.239.10 10.254.239.20;
10   option routers rtr-239-0-1.example.org, rtr-239-0-2.example.org;
11 }
12 subnet 10.254.239.32 netmask 255.255.255.224 {
13   range dynamic-bootp 10.254.239.40 10.254.239.60;
14   option broadcast-address 10.254.239.31;
15   option routers rtr-239-32-1.example.org;
16 }
17 subnet 10.5.5.0 netmask 255.255.255.224 {
18   range 10.5.5.26 10.5.5.30;
19   option domain-name-servers ns1.internal.example.org;
20   option domain-name "internal.example.org";
21   option routers 10.5.5.1;
22   option broadcast-address 10.5.5.31;
23   default-lease-time 600;
24   max-lease-time 7200;
25 }
26 host passacaglia {
27   hardware ethernet 0:0:c0:5d:bd:95;
28   filename "vmunix.passacaglia";
29   server-name "toccata.fugue.com";
30 }
31 host fantasia {
32   hardware ethernet 08:00:07:26:c0:a5;
33   fixed-address fantasia.fugue.com;
34 }
35 class "foo" {
36   match if substring (option vendor-class-identifier, 0, 4) = "SUNW";
37 }
38 shared-network 224-29 {
39   subnet 10.17.224.0 netmask 255.255.255.0 {
40     option routers rtr-224.example.org;
41   }
42   subnet 10.0.29.0 netmask 255.255.255.0 {
43     option routers rtr-29.example.org;
44   }
45   pool {
46     allow members of "foo";
47     range 10.17.224.10 10.17.224.250;
48   }
49   pool {
50     deny members of "foo";
```

```
51        range 10.0.29.10 10.0.29.230;
52    }
53 }
```

第 1 行：option domain-name，设置客户端主机自动获取的 DNS 域名解析服务器的区域名。

第 2 行：option domain-name-servers，设置客户端主机自动获取的 DNS 域名解析服务器的域名。

第 3 行：default-lease-time，设置默认租约时间。

第 4 行：max-lease-time，设置最长租约时间。

第 5 行：syslog 设置，可以到/var/log/syslog 文件查看 DHCP 分配的日志。

第 6～7 行、第 8～11 行、第 12～16 行和第 17～25 行：给客户端主机自动分配 IP 地址等相关信息；

第 9、13 和 18 行：range dynamic-bootp，设置客户端主机自动获取的 IP 地址范围。

第 10、15 和 20 行：option routers，设置客户端主机自动获取的网关地址。

第 14、22 行：option broadcast-address，设置广播地址。

第 26～30 行、第 31～34 行：host ~{   }，将保留的 IP 地址绑定给指定的主机；其中~可以是任意合法的名字，next-server 指定主机的域名，hardware ethernet 指网卡的 MAC 地址，fixed-address 指网卡绑定保留的 IP 地址。

第 35～37 行：定义一个类，按设备标识下发 IP 地址，即传说中的 option 60。

第 38～45 行：表示"foo"类中的所有客户端在子网 10.17.224/24 上获取地址，而所有其他的客户端在子网 10.0.29/24 上获取地址。

第 45～48 行:定义一个池,允许设备属于 class"foo"这个类的设备获取"range 10.17.224.10 10.17.224.250;"的地址。

第 49～52 行：定义一个池，拒绝设备属于 class"foo"这个类的设备获取"range 10.0.29.10 10.0.29.230;"的地址；

（2）配置 DHCP 服务器

根据项目任务，完成总公司服务器区的 DHCP 服务器（192.168.0.253）的配置，实现给 192.168.0.0 网段的计算机动态地分配 IP 地址，IP 地址范围为 192.168.0.10～192.168.0.200，默认网关地址为 192.168.0.254，DNS 域名解析服务器的域名为 dns.amy.com，IP 地址为 192.168.0.1；保留 IP 地址 192.168.0.200 给网卡 MAC 地址 2d:1a:23:4e:2c:62,默认租约期限为 802800 秒，最长租约期限为 909800 秒。编辑 DHCP 服务器的主配置文件/etc/dhcp/dhcpd.conf 文件，代码如下所示：

```
[root@localhost~]# vi /etc/dhcp/dhcpd.conf
option domain-name "dns.amy.com";
option domain-name-servers 192.168.0.1;
default-lease-time 802800;
max-lease-time 909800;
log-facility local7;
subnet 192.168.0.0 netmask 255.255.255.0 {
range 192.168.0.10 192.168.0.200;
option routers 192.168.0.254;
}
```

```
host fantasia {
  hardware ethernet 2d:1a:23:4e:2c:62;
  fixed-address 192.168.0.200;
}
```

(3)配置网卡的 IP 地址

配置该 DHCP 服务器的 IP 地址为 192.168.0.253，如图 8-2 所示。关闭防火墙查看 IP 地址命令如图 8-3 所示。

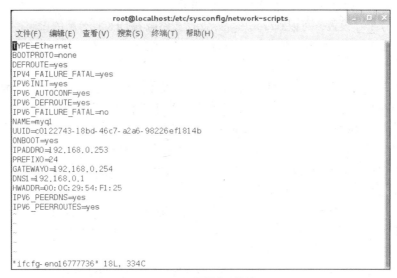

图8-2　配置网卡IP地址

图8-3　关闭防火墙查看IP

(4)开启 DHCPD 服务器

a. 使用命令开启 DHCPD 服务器，命令如下所示：

```
[root@localhost dhcpd]# systemctl start dhcpd.service
```

b. 使用 netstat 查看 DHCPD 服务器开启状态，命令如下所示：

```
[root@localhost network-scripts]# netstat -atulpn|grep dhcp
[root@localhost network-scripts]# netstat -atulpn|grep dhcp
udp        0      0 0.0.0.0:67              0.0.0.0:*                           20009/dhcpd
udp        0      0 0.0.0.0:33392           0.0.0.0:*                           20009/dhcpd
udp6       0      0 :::55519                :::*                                20009/dhcpd
```

说明 DHCP 服务器已在监听 67 端口。

（5）测试

开启一台客户端主机，设置自动获取 IP 地址方式，观察客户端获取 IP 地址情况。

Windows 系列客户端主机，本地连接设置为自动获取 IP 地址，自动获得 DNS 服务器地址，如图 8-4 所示。然后在 dos 命令行输入 ipconfig/release 释放原有的 ip 地址，输入 ipconfig/renew 重新获取，如图 8-5 所示。

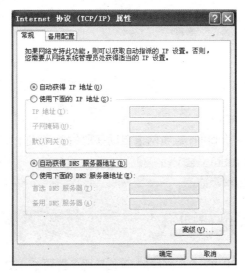

图8-4  本地连接自动获取IP地址

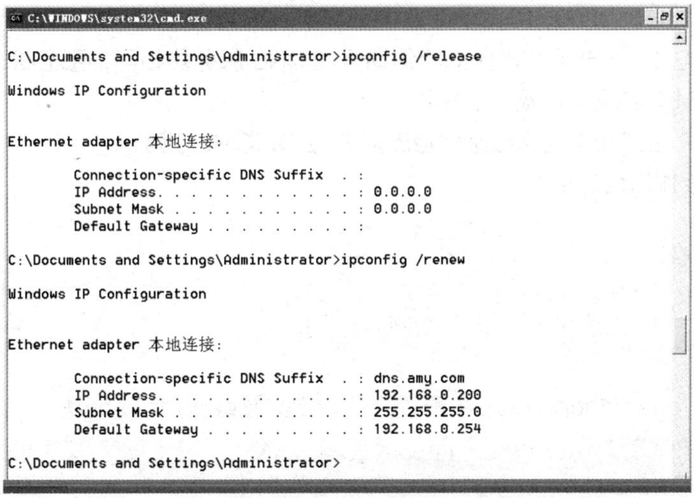

图8-5  查看重新获取的ip地址

Red Hat Linux7.0 系列的客户端主机，设置网卡"自动获取 ip 地址设置使用"方式为自动（DHCP）方式，如图 8-6 所示。

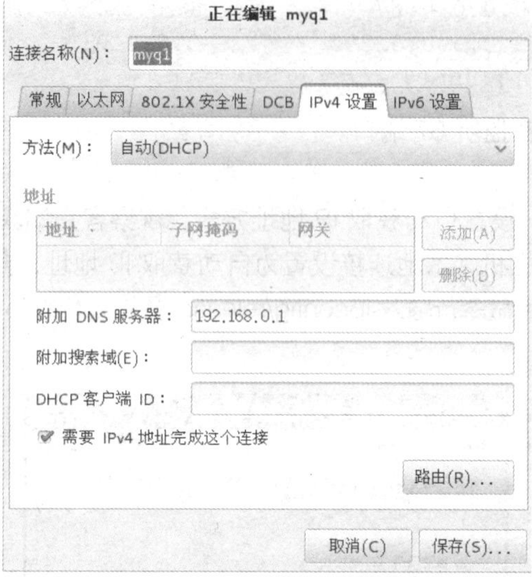

图8-6　网卡自动获取IP地址

重启网络设备 myql，用 ifconfig 查看网卡自动获取的 ip 地址，命令如下所示：

```
[root@dns ~]# nmcli device connect myql
[root@dns ~]# ifconfig
```

## 8.2 配置 DHCP 中继代理

如图 8-1 所示，位于 192.168.0.0 网段的 DHCP 服务器要给 192.168.1.0 不同网段的（client computer5……client computer8）主机动态分配 IP 地址，分配给客户端主机的 IP 地址池为 192.168.1.10-192.168.1.200，网关地址为 192.168.1.254，默认的最长租约期限和 DNS 服务器的域名及 IP 地址与 192.168.0.0 网段的租约期限和 DNS 服务器相同，通过 DHCP 中继代理服务器（192.168.0.251）实现，需做如下配置。

### 1. 在 DHCP 服务器上创建超级作用域后开启 DHCPD 服务

（1）定义超级作用域的格式。

```
shared-network 超级作用域名称 {
    公共部分
    subnet 网络地址 netmask 子网掩码 {    }
    subnet 网络地址 netmask 子网掩码 {    }
}
```

（2）编辑/etc/dhcp/dhcpd.conf 主配置文件，定义超级作用域 amy1。

```
[root@dns ~]# vi /etc/dhcp/dhcpd.conf
ddns-update-style interim;
ignore client-updates;
```

```
shared-network amy1{
option domain-name              "dns.amy.com";
option domain-name-servers       192.168.0.1;
option time-offset              -18000;
default-lease-time 802800;
max-lease-time 909800;
subnet 192.168.0.0 netmask 255.255.255.0 {
        option routers                  192.168.0.254;
        option subnet-mask              255.255.255.0;
        range dynamic-bootp 192.168.0.10   192.168.0.200;
        host ns1 {
                next-server yum.amy.com.;
                hardware ethernet 2d:1a:23:4e:2c:62;
                fixed-address 192.168.0.200; } }
subnet 192.168.1.0 netmask 255.255.255.0 {
        option routers                  192.168.1.254;
        option subnet-mask              255.255.255.0;
        range dynamic-bootp 192.168.1.10   192.168.1.200;}
}
```

(3)重启 DHCPD 服务。

重新开启 DHCPD 服务，代码如下所示：

```
[root@dns ~]# systemctl restart dhcpd.service
```

## 2. 在 DHCP 中继代理服务器（192.168.0.251）上，编辑网卡及配置文件

(1)编辑网卡

在 DHCP 中继代理服务器上添加网卡 eth1，配置 IP 地址为 192.168.1.8，用来连接 192.168.1.0 网段的客户端主机；eth0 网卡的 IP 地址为 192.168.0.251，与 DHCP 服务器相连。

(2)添加路由

为了使 192.168.1.0 网段的客户端主机与 DHCP 服务器能够通信，在 DHCP 中继代理服务器上添加一条路由，使 DHCP 服务器能够 ping 通 192.168.1.8，实现 DHCP 服务器与 192.168.1.0 网段客户端主机的通信。

```
[root@dns ~]# route add -net 192.168.0.0/24 gw 192.168.1.8 dev eth1
```

再在 DHCP 服务器上添加一条路由，保证其相互之间能够通信。

```
[root@dns ~]# route add -net 192.168.1.0/24 gw 192.168.0.253 dev eth0
```

(3)编辑文件/etc/sysconfig/dhcrelay

```
[root@dns ~]# vi /etc/sysconfig/dhcrelay
   INTERFACES="eth1"
   DHCPSERVERS="192.168.0.253"
```

(4)开启 Windows XP 客户端主机进行测试

设置本地连接为自动获取 IP 地址，如图 8-2 所示。在 dos 命令窗口中，输入 ipconfig /all 命令查看客户端主机获取的 IP 地址，如图 8-7 所示。

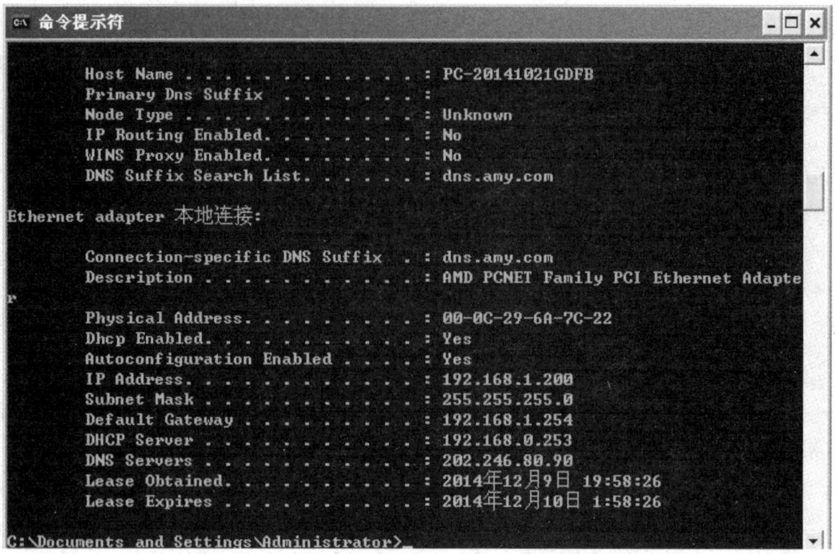

```
命令提示符                                        _ □ ×

   Host Name . . . . . . . . . . . . : PC-20141021GDFB
   Primary Dns Suffix  . . . . . . . :
   Node Type . . . . . . . . . . . . : Unknown
   IP Routing Enabled. . . . . . . . : No
   WINS Proxy Enabled. . . . . . . . : No
   DNS Suffix Search List. . . . . . : dns.amy.com

Ethernet adapter 本地连接:

   Connection-specific DNS Suffix  . : dns.amy.com
   Description . . . . . . . . . . . : AMD PCNET Family PCI Ethernet Adapte
r
   Physical Address. . . . . . . . . : 00-0C-29-6A-7C-22
   Dhcp Enabled. . . . . . . . . . . : Yes
   Autoconfiguration Enabled . . . . : Yes
   IP Address. . . . . . . . . . . . : 192.168.1.200
   Subnet Mask . . . . . . . . . . . : 255.255.255.0
   Default Gateway . . . . . . . . . : 192.168.1.254
   DHCP Server . . . . . . . . . . . : 192.168.0.253
   DNS Servers . . . . . . . . . . . : 202.246.80.90
   Lease Obtained. . . . . . . . . . : 2014年12月9日 19:58:26
   Lease Expires . . . . . . . . . . : 2014年12月10日 1:58:26

C:\Documents and Settings\Administrator>
```

图8-7 DHCP中继代理客户端主机自动获取IP地址

## 8.3 项目实训

### 一、实训目的
- 掌握 Linux 下 DHCP 服务器的安装和配置。
- 掌握 Linux 下 DHCP 代理的配置。

### 二、项目背景
某企业计划构建一台 DHCP 服务器来解决 IP 地址动态分配的问题，要求能够分配 IP 地址以及网关、DNS 等其他网络属性信息。

假设企业 DHCP 服务器 IP 地址为 192.168.0.253。DNS 服务器的域名为 dns.amy.com，IP 地址为 192.168.0.1；网关地址为 192.168.0.254；给客户端主机分配的地址范围为 192.168.0.10 到 192.168.0.200，掩码为 255.255.255.0。给不同网段的客户端主机分配的 IP 地址范围为 192.168.1.10 到 192.168.0.200；网关地址为 192.168.0.254，子网掩码为 255.255.255.0。

### 三、实训内容
配置 Linux 系统 DHCP 服务器与 DHCP 中继代理。

### 四、实训步骤
**任务 1　DHCP 服务器的配置**

**STEP 1** 检测系统是否安装了 DHCP 服务器对应的软件包，如果没有安装的话，进行安装（或者应用 rpm 安装软件包）。

**STEP 2** 按照项目背景的要求，配置 DHCP 服务器。

**STEP 3** 利用 "systemctl start dhcpd.service" 命令，启动 DHCPD 服务。

**任务 2　配置 Linux 下 DHCP 中继代理**

**STEP 1** 在 DHCP 服务上添加超级作用域，在任务 1 的基础上增加 192.168.1.0 网段的作用域；重启 DHCPD 服务。

**STEP 2** 开启另外一台 Linux 操作系统,作为 DHCP 中继代理,再添加 1 块网卡 eth1,配置 IP 地址为 192.168.1.8,连接 192.168.1.0 网段的客户端主机;将 eth0 网卡的 IP 地址设置为 192.168.0.251,连接 DHCP 服务器;编辑文件/etc/sysconfig/dhcrelay 设置 INTERFACES="eth1"和 DHCPSERVERS="192.168.0.253"或者使用如下命令:

```
#dhcrelay -i eth1 -i eth0 192.168.0.253
```

**STEP 3** 添加路由,为了使 192.168.1.0 网段的客户端主机与 DHCP 服务器能够通信,在 DHCP 中继代理服务器上和 DHCP 服务器上都添加一条路由,使 DHCP 服务器能够 ping 通 192.168.1.8,实现 DHCP 服务器与 192.168.1.0 网段客户端主机的通信。

**STEP 4** 开启 Windows XP 客户端主机进行测试,设置本地连接为自动获取 IP 地址,如图 8-2 所示。在 dos 命令窗口中,输入 ipconfig /all 命令查看客户端主机获取的 IP 地址,如图 8-5 所示。

# Chapter 9

## 项目九
## DNS 服务器

# 项目九 DNS 服务器

## ■ 项目任务

在公司总部搭建一台 DNS 域名解析服务器和辅助 DNS 服务器，实现 amy.com 域的解析，实现公司内部和外部域名解析，当主 DNS 服务器发生故障时，通过区域传输，构建辅助 DNS 服务器，承载主 DNS 服务器解析任务。

（1）正向解析任务：
dns.amy.com—192.168.0.1；
fdns.amy.com—192.168.0.6；
www.amy.com—192.168.0.2；
mail.amy.com—192.168.0.3；
ftp.amy.com—192.168.0.4；
samba.amy.com—192.168.0.5；
vpn.amy.com—192.168.0.252；
dhcp.amy.com—192.168.0.253；
oa.amy.com—192.168.0.200。

（2）反向解析任务：实现以上 IP 地址到域名的反向解析。

（3）DNS 服务器域名解析网络拓扑图，如图 9-1 所示。

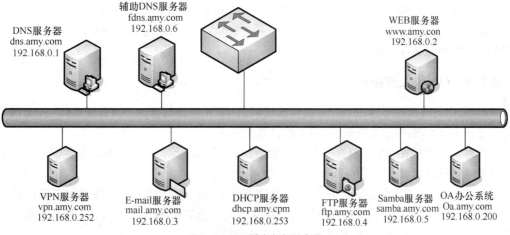

图9-1 DNS域名解析服务器

## ■ 任务分解

- 配置和管理主 DNS 服务器，负责 amy.com 区域的正向解析和 192.168.0.0 网段的反向解析。
- 构建辅助 DNS 服务器，承载主 DNS 发生故障后的域名解析。

## ■ 教学目标

- 掌握 DNS 域名解析的工作过程和区域传输的概念。
- 熟悉主 DNS 域名解析服务器的配置。

- 掌握构建辅助 DNS 域名解析服务器的方法。

## 9.1 配置和管理主 DNS 服务器

DNS（Domain Name System，域名系统）是实现域名和 IP 地址相互映射的一个分布式数据库，该过程叫作域名解析，用户通过易记的域名访问网络资源。DNS 域名解析服务器承担了域名到 IP 地址解析或者 IP 地址到域名解析的工作。DNS 协议运行在 UDP 协议之上，使用 53 端口号。

常见域名的表示方法是在区域名加上小圆点"."，如 www.163.com，一个完整的域名按照域名空间结构组织。

域名空间结构最顶层为根域，即 www.163.com.中最右边的一个小圆点，常省略不写。根域 DNS 服务器只负责处理一些顶级域名 DNS 服务器的解析请求。

第 2 层为顶级域，常见的有 com（商业机构）、org（财团法人等非营利机构）、gov（官方政府单位）、net（网络服务机构）、mil（军事部门）、edu（教育、学术研究单位）和国家代码等组成的域名体系；如 www.163.com 中的 com。

第 3 层是顶级域下划分的二级域；如 www.163.com 中的 163。

第 4 层是二级域下的子域，子域下可以分子域。

第 5 层是主机，如 www.163.com 中的 www 是 163.com 域中的一台主机名。常见的 www 代表的是 Web 服务器，ftp 代表的是 FTP 服务器，smtp 代表的是电子邮件发送服务器，pop 代表的是电子邮件接收服务器等。

### 9.1.1 DNS 工作原理

DNS 名称的解析能够通过 hosts 文件解析和 DNS 服务器解析。下面介绍 DNS 服务器解析的工作过程（采用客户机/服务器（C/S）模式进行解析）。

（1）客户端主机在 Web 浏览器中输入地址 http://www.amy.com，Web 浏览器将域名解析请求提交给自己计算机上集成的 DNS 客户端软件。

（2）DNS 客户端软件向指定 IP 地址的主 DNS 服务器（192.168.0.1）发出域名解析请求。

（3）DNS 服务器在自己建立的域名数据库中查找是否有与 www.amy.com 相匹配的记录，域名数据库存储的是 DNS 服务器自身能够解析的数据。

（4）域名数据库将查询结果反馈给 DNS 服务器，如果找到匹配的记录，则转入第 9 步。

（5）如果在域名数据库中没有找到匹配的记录，DNS 服务器将访问域名缓存，域名缓存存放的是从其他 DNS 服务器转发的域名解析结果。

（6）域名缓存将查询结果反馈给 DNS 服务器，若域名缓存中查询到指定的记录，则转入第 9 步。

（7）若域名缓存中没有找到指定记录，则按照 DNS 服务器的设置转发域名解析请求到其他 DNS 服务器上进行查找。

（8）其他 DNS 服务器将查询结果反馈给 DNS 服务器。

（9）DNS 服务器将查询结果反馈回 DNS 客户机。

（10）DNS 客户机将域名解析结果反馈给浏览器，若反馈成功，Web 浏览器按照指定的 IP 地址（192.168.0.2）访问 Web 服务器，否则将提示网站无法解析或不可访问的信息。

DNS 解析的方式有正向域名解析和反向域名解析。正向域名解析实现域名到 IP 地址的解析，反向解析实现 IP 地址到域名的解析。

### 9.1.2 配置和管理主 DNS 域名解析服务器

将 Linux 操作系统配置为 DNS 域名解析服务器，实现正向和反向域名解析功能。

（1）正向解析任务：dns.amy.com–192.168.0.1;fdns.amy.com–192.168.0.6;

www.amy.com–192.168.0.2;mail.amy.com–192.168.0.3;ftp.amy.com–192.168.0.4;samba.amy.com—192.168.0.5;vpn.amy.com—192.168.0.252;dhcp.amy.com—192.168.0.253;oa.amy.com—192.168.0.200。

（2）反向解析任务：实现以上 IP 地址到域名的反向解析。

配置 DNS 服务器实现上述功能需经过 5 步，即安装软件包、编辑主配置文件、编辑区域文件和开启服务，最后关闭防火墙进行测试。

配置 DNS 服务器的 IP 地址为 192.168.0.1，并重启网络服务，使配置生效，命令如下所示：

```
[root@localhost 桌面]# vi /etc/sysconfig/network-scripts/ifcfg-eno16777736
TYPE=Ethernet
DEVICE=eno16777736
BOOTPROTO=none
NAME=eno16777736
DEFROUTE=yes
IPV4_FAILURE_FATAL=no
IPV6INIT=no
UUID=13756690-ac77-b776-4fc1-f5535cee6f16
ONBOOT=yes
IPADDR0=192.168.0.1
PREFIX0=24
GATEWAY0=192.168.0.254
```

修改 IP 地址也可以在图形化界面中实现，如图 9-2 所示。

图9-2 修改eno16777736网卡的IP地址

重启网络设备 eno16777736 使得 IP 地址生效，命令如下所示：

```
[root@localhost 桌面]# nmcli device connect eno16777736
```

### 1. 安装软件包

与 DNS 服务相关的软件包有以下几种：bind 包，配置 DNS 服务器的软件包；bind-chroot 包，使 BIND 运行在指定的/var/named/chroot 目录中的安全增强工具，在配置主 DNS 服务器中经常会安装；bind-utils 包，是 DNS 测试工具，包括 dig, host 与 nslookup 等；caching-nameserver 包，是高速缓存 DNS 服务器的基本配置文件包，建议安装。

配置主 DNS 服务器，重点安装 bind 包就可以了。要安装包，先执行 find 命令找到包所在的位置，然后使用 rpm 命令安装，当然也可以用 yum 命令来安装。

① 查找以 bind 字符串开头的包，例如：

```
[root@myq ~]# find / -name bind*
/mnt/cdrom/Packages/bind-9.9.4-14.el7.x86_64.rpm
```

② 用 rpm 命令安装 bind 包，例如：

```
[root@localhost 桌面]# rpm -ivh /mnt/cdrom/Packages/bind-9.9.4-14.el7.x86_64.rpm
```

### 2. 编辑主配置文件

主配置文件默认为/etc/named.conf，编辑主配置文件，一般是将/usr/....../sample/etc/named.conf 模版文件拷贝后进行修改而成。

① 使用 rpm 查找模版文件。

```
[root@localhos 桌面]# rpm -ql bind
/usr/share/doc/bind-9.9.4/sample/etc/named.conf
```

② 拷贝模版文件为指定目录下的主配置文件 named.conf。

```
[root@localhos 桌面]# cp /usr/share/doc/bind-9.9.4/sample/etc/named.conf/etc/named.conf
```

③ 编辑主配置文件 named.conf。

```
[root@localhost 桌面]# vi /etc/named.conf
  1 options { directory "/var/named"; };
  2 zone "amy.com" {
  3             type master;
  4             file "amy.zone";};
  5 zone "0.168.192.in-addr.arpa" {  type master;
  6                                  file "192.168.0.0.zone"; };
```

主配置文件内容说明如下。

第 1~4 行，定义正向区域 amy.com。第 1 行，设置区域文件的路径在/var/named；第 2 行，定义区域名 "amy.com"；第 3 行，指定 DNS 服务器类型为 master 主 DNS；第 4 行，指定区域文件名称为 amy.zone。

第 5~6 行，定义 192.168.0.0 网段的反向区域 "0.168.192.in-addr.arpa"，第 6 行，指定该区域对应的区域文件名称为 192.168.0.0.zone。

### 3. 编辑区域文件

区域文件存放在/var/named/chroot/var/named 路径下，区域文件的编辑可以通过一个模版文件 named.localhost 拷贝之后修改而成。

① 编辑 amy.com 区域的区域文件 amy.zone。查找 named.localhost 模版文件，拷贝其为 amy.zone 文件，命令如下所示：

```
[root@myq named]# rpm -ql bind
/usr/share/doc/bind-9.9.4/sample/var/named/named.localhost
[root@myq named]# cp /usr/share/doc/bind-9.9.4/sample/var/named/named.localhost /var/named/amy.zone
```

进入/var/named 目录，编辑正向区域文件 amy.zone，命令如下所示：

```
[root@myq named]# cd /var/named
[root@myq named]# vi amy.zone
  1  $TTL    86400
  2  @       IN SOA   dns.amy.com. mail.amy.com. (
  3                  2012031202 ; serial (d. adams)
  4                  3h         ; refresh
  5                  2h         ; retry
  6                  1w         ; expiry
  7                  1D         ; minimum )
  8  @       IN NS        dns.amy.com.
  9  @       IN MX 10     mail.amy.com.
 10  dns     IN A         192.168.0.1
 11  www     IN A         192.168.0.2
 12  mail    IN A         192.168.0.3
 13  ftp     IN A         192.168.0.4
 14  samba   IN A         192.168.0.5
 15  fdns    IN A         192.168.0.6
 16  oa      IN A         192.168.0.200
 17  vpn     IN A         192.168.0.252
 18  dhcp    IN A         192.168.0.253
```

区域文件 amy.zone 说明如下。

第 1~7 行，定义辅助 DNS 与主 DNS 同步更新时间设置。

第 1、7 行，确定域名信息在本地缓存中保存的时间为 86400 秒（1D），时间后面接的单位默认是秒，还可以在时间数字后面接字符 s（秒）、h（小时）、d（天）、w（星期）。

第 2 行，@表示区域名（amy.com），IN 表示网络类型 internet，SOA 定义 DNS 的资源记录类型，声明负责区域（amy.com）的数据，dns.amy.com.声明 DNS 主机的完整域名，mail.amy.com.表示管理 DNS 服务器的管理员的邮箱地址。

第 3 行，2012031202 正向解析区域的序列号，为 2012 年 3 月 12 日的第 2 版，当主 DNS 发生变化后，该编号后面的两位数字要加大，以便于辅助 DNS 同步。

第 4 行，刷新时间，每隔 3 小时，辅助 DNS 检查主 DNS 的序列号是否发生变化，如果变大了，要进行数据刷新。

第 5 行，重试时间 2 小时，如果辅助 DNS 刷新主 DNS 没有成功，在 2 小时内可以重试检查更新。

第 6 行，过期时间 1 周，如果辅助 DNS 与主 DNS 在 1 周内没有取得联系，则辅助 DNS 过期。

第 8 行，NS 表示定义 DNS，域名为 dns.amy.com。

第 9 行，MX 10 表示定义邮件交换器域名为 mail.amy.com，优先级别为 10，一般在搭建邮件服务器的时候，要在 DNS 中定义邮件交换器。

第 10 ~ 18 行，定义 amy.com 区域中的主机与 IP 地址的对应关系，在这里定义的时候，可以省略区域名（amy.com），如第 11 行中 www 对应的完整域名是 www.amy.com，映射的 IP 地址为 192.168.0.1，此处省略了 amy.com。

② 编辑反向区域 192.168.0.0 的区域文件 192.168.0.0.zone。

查找 named.localhost 模版文件，拷贝为 192.168.0.0.zone 文件。

```
[root@myq named]# rpm -ql bind
/usr/share/doc/bind-9.9.4/sample/var/named/named.localhost
[root@myq named]# cp /usr/share/doc/bind-9.9.4/sample/var/named/named.localhost/
var/named/192.168.0.0.zone
```

进入 /var/named 目录，编辑反向区域文件 192.168.0.0.zone。

```
[root@myq named]# cd /var/named
[root@myq named]# vi 192.168.0.0.zone
    1  $TTL     86400
    2  @        IN SOA   dns.amy.com.  mail.amy.com. (
    3                   43       ; serial (d. adams)
    4                   3        ; refresh
    5                   5        ; retry
    6                   1        ; expiry
    7                   1D       ; minimum )
    8  @        IN NS            dns.amy.com.
    9  @        IN MX 10         mail.amy.com.
   10  1        IN PTR           dns.amy.com.
   11  2        IN PTR           www.amy.com.
   12  3        IN PTR           mail.amy.com.
   13  4        IN PTR           ftp.amy.com.
   14  5        IN PTR           samba.amy.com.
   15  6        IN PTR           fdns.amy.com.
   16  200      IN PTR           oa.amy.com.
   17  252      IN PTR           vpn.amy.com.
   18  253      IN PTR           dhcp.amy.com.
```

反向区域文件 192.168.0.0.zone 说明如下。

第 1 ~ 9 行，同上，此处的@表示区域名 0.168.192.in-addr.arpa；

第 10 ~ 18 行，定义 IP 地址指向的域名，用 PTR 表示，也可以省略区域名，如第 10 行，1 表示的是 1.0.168.192.in-addr.arpa，对应的域名为 dns.amy.com，即 192.168.0.1 该 IP 地址反向解析对应的域名为 dns.amy.com。

### 4. 开启 named 服务

DNS 域名解析服务器要实现域名解析功能，必须开启 named 服务，在主配置文件和对应的区域文件编辑完全没有错误的情况下，能够成功开启 named 服务，否则服务开启失败。开启 named 服务也是对主配置和区域文件正确与否的验证。

```
[root@localhost named]# systemctl start named.service
```

### 5. 测试

检查 DNS 域名解析服务器的服务功能，通过测试实现，测试的命令有 host、big 和 nslookup，在 Linux 客户端、Windows 客户端通用的测试命令为 nslookup。

在测试前，用 iptalbels –F 命令将 DNS 服务器的防火墙清除缓存，并关闭 SeLinux，命令如下所示：

```
[root@localhost 桌面]# vi/etc/sysconfig/selinux
  SELINUX = disabled
[root@localhost 桌面]# init 6
  setenforce: SELinux is disabled
[root@localhost 桌面]# iptables -F
```

（1）Linux 客户端主机

打开/etc/resolv.conf 文件，编辑 DNS 域名解析服务器的 IP 地址，要使该文件生效，需要重启网络服务。

```
[root@myq named]# vi /etc/resolv.conf nmcli conmod
  DNS1 = 192.168.0.1
[root@myq named]# systemctl  restart network.service
```

输入 nslookup 命令进行测试，命令如下所示：

```
[root@localhost 桌面]# nslookup
> www.amy.com
Server:     192.168.0.1
Address: 192.168.0.1#53
Name:    www.amy.com
Address: 192.168.0.2
> 192.168.0.2
Server:     192.168.0.1
Address: 192.168.0.1#53
2.0.168.192.in-addr.arpa    name = www.amy.com.
>
```

（2）Windows 系列主机

编辑网卡的本地连接，设置 IP 和首先 DNS，如图 9-3 所示。然后在 dos 命令窗口中输入 nslookup 命令进行测试。

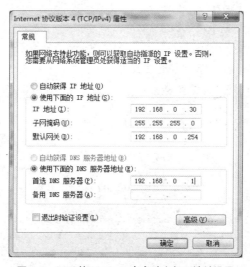

图9-3　DNS的Windows客户端主机IP地址设置

## 9.2 配置和管理辅助 DNS 域名解析服务器

辅助 DNS 服务器主要是在主 DNS 服务器发生故障后承担主 DNS 的域名解析工作,在辅助 DNS 上不需要编辑区域文件,区域文件通过区域传输(将一个区域文件复制到多个 DNS 服务器的过程)从主 DNS 服务器上自动获取,步骤如下。

**STEP 1** 安装 bind 软件包。开启另外一台 Linux 操作系统,设置其 IP 地址为 192.168.0.6,同配置主 DNS 服务器安装包操作一样,先找到包所在的位置,然后安装包,此处只要安装 bind 包就可以了。

```
[root@localhost 桌面]# rpm -ivh /mnt/cdrom/Packages/bind-9.9.4-14.el7.x86_64.rpm
```

**STEP 2** 编辑主配置文件/etc/named.conf。在主配置文件中定义同主 DNS 服务器中两个一样的区域名,然后在每个区域中增加一行 mastes{192.168.0.1};,指定进行区域传输的主 DNS 服务的 IP 地址,type 的值从 master(主)改为 slave(辅助),将传输过来的区域文件保存到/var/named/slaves 目录下,在 file 中指定路径为 slaves(默认为/var/named/slaves 路径)。

```
[root@localhost 桌面]# vi /etc/named.conf
1 options { directory "/var/named"; };
2 zone "amy.com" {
3            type slave;
4            file "slaves/amy.zone";
5            masters{192.168.0.1;};
                 };
6 zone "0.168.192.in-addr.arpa" {  type slave;
7                                  file "slaves/192.168.0.0.zone";
8                                  masters{192.168.0.1;};
                                        };
```

**STEP 3** 开启 named 服务。设置 SeLinux 并关闭防火墙,开启 named 服务,命令如下所示:

```
[root@localhost 桌面]# getenforce
[root@localhost 桌面]# setenforce 0
[root@localhost 桌面]# iptables -F
[root@localhost 桌面]# systemctl start named.service
```

**STEP 4** 在主 DNS 服务器上修改主配置文件。

```
[root@localhost 桌面]# vi /etc/named.conf
  1 options { directory "/var/named";
  2          allow-transfer{192.168.0.6;};};
  3 zone "amy.com" {
  4            type master;
  5            file "amy.zone";
  6            allow-update{none;};
                  };
  7 zone "0.168.192.in-addr.arpa" {  type master;
  8                                  file "192.168.0.0.zone";
  9                                  allow-update{none;};
                                          };
```

主配置文件中增加行说明：

第 2 行，表示允许进行区域传输，指定传给辅助 DNS 的 IP 地址为 192.168.0.6，第 6 和第 9 行表示该区域允许更新。

**STEP 5** 在主 DNS 服务器上重启 named 服务。

```
[root@localhost 桌面]#systemctl restart named.service
```

**STEP 6** 在辅助 DNS 服务器上观察/var/named/slaves 目录下是否出现了 amy.zone 和 192.168.0.0.zone 两个区域文件。

## 9.3 项目实训

### 一、实训目的
- 掌握 Linux 系统中主 DNS 服务器的配置。
- 掌握 Linux 下辅助 DNS 服务器的配置。

### 二、项目背景
现要求在企业内部构建一台 DNS 服务器，为局域网中的计算机提供域名解析服务。DNS 服务器管理 amy.com 域的域名解析，DNS 服务器的域名为 dns.amy.com，IP 地址为 192.168.1.2。辅助 DNS 服务器的 IP 地址为 192.168.1.3。同时还必须为客户提供 Internet 上的主机的域名解析。要求分别能解析以下域名：财务部（cw.jnrplinux.com：192.168.1.11），销售部（xs.jnrplinux.com：192.168.1.12），经理部（jl.jnrplinux.com：192.168.1.13），OA 系统（oa.jnrplinux.com：192.168.1.13）。

### 三、实训内容
练习 Linux 系统下主及辅助 DNS 服务器的配置方法。

### 四、实训步骤

**任务 1  配置主 DNS 服务器**

**STEP 1** 检查 DNS 服务对应的软件包是否安装，如果没有安装的话，安装相应的软件包。

**STEP 2** 安装 bind 包、bind-chroot 包。

**STEP 3** 编辑/var/named/chroot/etc/named.conf 文件，添加 "jnrplinux.com" 正向区域及 "1.168.192.in-addr.arpa" 反向区域。

**STEP 4** 创建/var/named/chroot/var/named/jnrplinux.com.zone 正向数据库（区域）文件。

**STEP 5** 创建/var/named/chroot/var/named/1.zone 反向数据库文件。

**STEP 6** 启动服务。

**STEP 7** 分别开启客户端计算机 Windows XP 和 Linux 用 nslookup 进行域名解析，观察解析结果。Linux 中要进行域名解析，要修改/etc/resolv.conf 配置文件。

**任务 2  配置辅助 DNS 服务器**

**STEP 1** 在 192.168.1.3 辅助 DNS 服务器上，编辑/etc/named.conf 文件，添加 jnrplinux.com 区域。

**STEP 2** 在 192.168.1.2 主 DNS 服务器上，编辑/etc/named.conf 文件的 options 选项，设置允许进行区域传输。

任务 3　在主 DNS 服务器上设置 DNS 转发器

在主 DNS 服务器上设置 DNS 域名解析转发器,主 DNS 的 IP 地址为 192.168.1.10,192.168.1.3 为转发器的 DNS 服务器。

任务 4　测试

**STEP 1]** 在 DNS 服务器上关闭防火墙

**STEP 2]** 在客户端主机上用 nslookup 命令进行测试

**STEP 3]** 观察域名解析结果

# Chapter 10

## 项目十
## Apache 服务器

■ **项目任务**

在公司总部搭建一台 APACHE 服务器（见图 10-1），发布总公司和分公司网页（总公司、子公司都有自己独立的网站），站点域名分别为 bj.amy.com、sh.amy.com、cs.amy.com。这三个域名解析到 APACHE 服务器 192.168.0.2。建立/var/www/bj、/var/www/sh、/var/www.cs 目录，分别用于存放 bj.amy.com、sh.amy.com、cs.amy.com 这三个网站。管理员邮箱都设置为 root@amy.com。

（1）bj.amy.com 网站搭建 PHP 论坛实现广大用户的在线交流，PHP 论坛数据存放在 mysql 数据库中。要求该网站能满足 1000 人同时在线访问，并且该网站有个非常重要的子目录/security，里面的内容仅允许来自 192.168.0.0/24 这个网段的成员访问，其他全部拒绝。将其首页设置为 index.php。

（2）将 sh.amy.com 网站首页设置为 index.html，该网站有个子目录/down，可基于别名实现对于资源的下载，并设定只有经过认证的用户才可以登录下载，认证的用户名为 xinxi，密码为 123456。

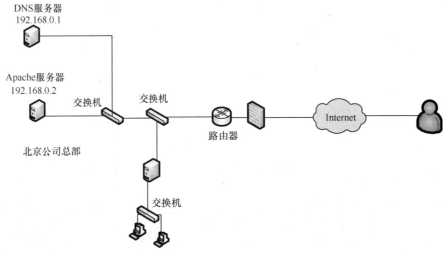

图10-1 Apache服务器拓扑图

■ **任务分解**

- 基于虚拟主机的 Apache。实现基于 IP 地址的 Web 站点，实现基于域名的 Web 站点。
- 基于认证的 Apache。实现指定用户和密码访问站点。
- Apache 的应用。

■ **教学目标**

- 熟悉配置和管理基于虚拟主机的 Apache。
- 掌握配置和管理基于认证的 Apache。
- 掌握配置和管理基于 Apache 的应用。

## 10.1 基于虚拟主机的 Apache

Web 服务是 Internet 上最重要的服务之一，人们可以通过它访问网页、查找资料、发布信息。使用 Web 服务需要架设 Web 服务器，只有通过 Web 服务器才能实现与 Internet 的交流。本章将详细介绍如何在 Red Hat Enterprise Linux 7 操作系统中利用 Apache 软件架设 Web 服务器的方法。

### 10.1.1 Apache 服务器简介

Apache 起初由 Illinois 大学 Urbana-Champaign 的国家高级计算程序中心开发。此后，Apache 在开放源代码团体成员的努力下不断地发展和加强。开始，Apache 只是 Netscape 网页服务器（现在是 Sun ONE）之外的开放源代码选择。渐渐的，它开始在功能和速度方面超越其他的基于 UNIX 的 HTTP 服务器。1996 年 4 月以来，Apache 一直是 Internet 上最流行的 HTTP 服务器；1999 年 5 月它在 57% 的网页服务器上运行；到了 2005 年 7 月，这个比例上升到了 69%。

Apache 是在 1995 年初由当时最流行的 HTTP 服务器 NCSA Httpd 1.3 的代码修改而成的，因此是 "一个修补的（a patchy server）" 服务器。因为它是自由软件（开放源代码软件），所以不断有人来为它开发新的功能、新的特性，并且修改原来的缺陷。

本来它只用于小型和试验网络，后来逐步扩充到各种 UNIX 系统中，尤其对 Linux 的支持相当完美。Apache 拥有以下特性：

（1）支持最新的 HTTP；
（2）拥有简单而强有力的基于文件的配置过程；
（3）支持通用网关接口；
（4）支持基于 IP 和基于域名的虚拟主机；
（5）支持多种方式的 HTTP 认证；
（6）集成 Perl 处理模块；
（7）集成代理服务器模块；
（8）支持实时监视服务器状态和定制服务器日志；
（9）支持服务器端包含指令（SSI）；
（10）支持安全 Soceket 层（SSL）；
（11）提供用户会话过程的跟踪；
（12）支持 JSP、PHP、CGI 和 FastCGI；
（13）通过第三方模块可以支持 Java Servlets；
（14）实现了动态对象的共享，允许在运行时动态装载功能模块。

### 10.1.2 配置基于虚拟主机的 Apache

**1. 安装及管理**

Red Hat Enterprise Linux 7.0 安装光盘中自带了 Apache 软件包，也可到 Apache 网站下载最新版本的软件包，官方网址为 http://httpd.apache.org。

Apache 服务器的安装很简单，可以使用下载 rpm 包方式或源代码方式进行安装。在 Red Hat Enterprise Linux 7 操作系统中，Apache 服务器名为 httpd。

在安装 Apache 之前，需要先确定系统中是否已安装了 Apache 软件包，可以通过如下命令进行测试：

```
[root@localhost 桌面]# rpm -qa | grep httpd
```

如上所示，则表明系统中没有安装 Apache。

还可以使用如下命令查看 Apache 是否存在：

```
[root@localhost 桌面]# service httpd status
Redirecting to /bin/systemctl status  httpd.service
httpd.service
    Loaded: not-found (Reason: No such file or directory)
    Active: inactive (dead)
```

在 Red Hat Enterprise Linux 7 操作系统中，光盘自带的与 Apache 软件相关的 RPM 软件包有 httpd、httpd-devel、httpd-manual。用户可以把光盘放入光驱，并将光盘进行挂载，设置本地 YUM 源进行安装。

```
[root@localhost yum.repos.d]# yum install httpd
```

安装完，可通过如下命令进行查看，可知 Apache 已安装。

```
[root@localhost yum.repos.d]# service httpd status
Redirecting to /bin/systemctl status  httpd.service
httpd.service - The Apache HTTP Server
    Loaded: loaded (/usr/lib/systemd/system/httpd.service; disabled)
    Active: inactive (dead)
```

Apache 安装所需软件的名称如表 10-1 所示，可根据自己的需要进行安装。

表 10-1 Apache 安装所需软件包

| 所需软件 | 说明 |
| --- | --- |
| httpd-2.4.6-17.el7.x86_64.rpm | Apache 主程序包 |
| httpd-manual-2.4.6-17.el7.noarch.rpm | Apache 参考手册包 |
| httpd-devel-2.4.6-17.el7.x86_64.rpm | Apache 开发包 |

Apache 的服务概览如下。

- 服务类型：由 Systemd 启动的守护进程。
- 配置单元：/usr/lib/systemd/system/httpd.service。
- 守护进程：/usr/sbin/httpd。
- 端口：80(http)，443(https)。
- 配置：/etc/httpd/。
- Web 文档：/var/www/。
- 相关软件包：mod_ssl。

命令模式启动 HTTPD 服务后，查看其状态可见已为运行状态：

```
[root@localhost 桌面]# systemctl start httpd.service
[root@localhost 桌面]# service httpd status
Redirecting to /bin/systemctl status  httpd.service
httpd.service - The Apache HTTP Server
    Loaded: loaded (/usr/lib/systemd/system/httpd.service; disabled)
    Active: active (running) since 五 2016-11-11 09:35:10 CST; 8s ago
  Main PID: 5460 (httpd)
    Status: "Processing requests..."
    CGroup: /system.slice/httpd.service
            ├─5460 /usr/sbin/httpd -DFOREGROUND
            ├─5461 /usr/sbin/httpd -DFOREGROUND
            ├─5462 /usr/sbin/httpd -DFOREGROUND
            ├─5463 /usr/sbin/httpd -DFOREGROUND
            ├─5464 /usr/sbin/httpd -DFOREGROUND
            └─5465 /usr/sbin/httpd -DFOREGROUND
```

```
11月 11 09:35:10 localhost.localdomain httpd[5460]: AH00558: httpd: Could no...
11月 11 09:35:10 localhost.localdomain systemd[1]: Started The Apache HTTP S...
Hint: Some lines were ellipsized, use -l to show in full.
```

管理 httpd 服务的命令如下所示：

```
#systemctl start httpd.service              \\启动 apache
#systemctl stop httpd.service               \\停止 apache
#systemctl restart httpd.service            \\重启 apache
#systemctl enable httpd.service             \\设置 apache 开机启动
```

### 2. Apache 配置文件

Apache 用户通过编辑 Apache 的主配置文件/etc/httpd/conf/httpd.conf 来配置 Apache 的运行参数。httpd.conf 配置文件包含各种影响服务器运行的配置选项，只有对这些配置选项有所理解，才能真正掌握 Apache 服务器的配置。

主配置文件可包含类似/etc/httpd/conf.d/*.conf 格式的配置文件，通过指令 Include /IncludeOptional 定义包含的配置文件。

配置文件的格式需参照如下语法。

- 每一行包含一个指令，在行尾使用反斜杠"\"可以表示续行。
- 配置文件中的指令不区分大小写，但是指令的参数（argument）通常区分大小写。
- 以"#"开头的行被视为注解并在读取时被忽略。注解不能出现在指令的后边。
- 空白行和指令前的空白字符将在读取时被忽略，因此可以采用缩进以保持配置层次的清晰。

Apache 的安装还可采用编译安装。编译安装分为静态编译和动态编译两种方式。静态编译可将核心模块和所需要的模块一次性编译，运行速度快，但是如果要增加或删除模块必须重新编译整个 Apache。动态编译只编译核心模块和 DSO（动态共享对象）模块——mod.so，各模块可独立编译，并可随时用 LoadModule 指令加载，用于特定模块的指令可以用 <IfModule> 指令包含起来，使之有条件地生效，但是运行速度稍慢。

可通过如下命令查看 Apache 的编译参数。

```
[root@localhost 桌面]# httpd -l
Compiled in modules:
  core.c
  mod_so.c
  http_core.c
```

httpd.conf 配置文件主要由全局环境、主服务器配置和虚拟主机三个部分组成，每个部分都有相应的配置语句，该文件中所有配置语句都以"配置参数名称 参数值"的形式存在，配置语句可放在文件中的任何位置。

对于 httpd.conf 中被注释掉的配置参数，用户可根据自己的需要将已注释掉的配置语句取消注释（删除注释符号即可）。

下面对配置文件中的一些比较重要的选项和参数进行讲解。

ServerTokens OS：告知客户端 Web 服务器的版本与操作系统。

ServerRoot /etc/httpd：用于指定 Apache 服务器的根目录，即守护进程 httpd 的运行目录。默认指定/etc/httpd 目录为 Apache 服务器的根目录。

Timeout 120：定义客户程序和服务器连接的超时间隔，超过这个时间间隔（秒）后服务器将断开与客户机的连接，默认为 120 秒。

KeepAlive Off：用于设置是否保持活跃的连接，即如果将 KeepAlive 设置为 On，那么来自同一客户端的请求就不需要再一次连接，避免每次请求都要新建一个连接而加重服务器的负担。默认设置为 Off。

MaxKeepAliveRequests 100：保持连接状态时，每次连接最多请求文件数默认为 100。

KeepAliveTimeout 15：用于 KeepAlive 的条件下，则该次联机在最后一次传输后等待延迟的秒数，默认为 15 秒，当超过 15 秒则该联机将中断。如果该选项的设置时间过短，例如设置为 1 秒，那么 Apache 服务器就频繁建立新连接，这样会造成服务器资源的耗费；如果该选项的设置时间过长，例如设置为 600 秒，则 Apache 会有很多无用的连接占用服务器的资源。所以，KeepAliveTimeout 值的设置需要根据网站的流量、服务器的配置等实际情况来设定。

```
<IfModule prefork.c>        \\设置使用 perfork MPM 运行方式的参数
StartServers         8      \\服务器启动时，执行 8 个 httpd 进程
MinSpareServers      5      \\最小的备用程序数量为 5
MaxSpareServers      20     \\最大的备用程序数量为 20
ServerLimit          256    \\服务器允许的进程数上限为 256
MaxClients           256    \\服务器允许启动的最大进程数为 256
MaxRequestsPerChild  4000   \\服务进程允许的最大请求数为 4000
</IfModule>
<IfModule worker.c>
StartServers         2      \\服务器启动的服务进程数量为 2
MaxClients           150    \\服务器允许启动的最大进程数为 150
MinSpareThreads      25     \\保有的最小工作线程数目为 25
MaxSpareThreads      75     \\允许保有的最大工作线程数目为 75
ThreadsPerChild      25     \\每个服务进程中的工作线程常数为 25
MaxRequestsPerChild  0      \\服务进程允许的最大请求数不限
</IfModule>
```

Listen 80：用于设置服务器的监听端口，默认设置监听 80 端口，可以根据需要绑定 Apache 服务器到特定的 IP 地址或端口。

LoadModule authe_basic_module modules/mod_auth_basic.so：在配置文件中，用户会看到许多这样的配置选项，这些选项是加载模块的配置选项，默认 Apache 已加载了许多模块。

Include conf.d/*.conf：用于设置从哪些配置目录中加载配置文件。

ServerAdmin root@localhost：用于设置服务器管理员的邮箱账号，默认设置为 root@localhost。当服务器发生问题时，Apache 服务器会将错误消息邮件发送到用户所设置的服务器管理员邮箱内。

#ServerName www.example.com:80：用于设置访问的主机名和端口号，也可以设置为主机的 IP 地址。"#"表示关闭此功能，默认指定主机名为 www.example.com，端口号为 80。

DocumentRoot " /var/www/html "：指定 Apache 服务器默认存放网页文件的目录位置，这个值可以根据自己的需要进行更改，默认设置为/var/www/html 目录。

```
<Directory />               \\设置根目录的访问权限
Options  FollowSymLinks     \\用来设置区块的功能，此处是允许符号链接的文件
AllowOverride None          \\决定是否可取消以前设置的访问权限，此处禁止读取". htaccess"
```
文件中的内容

```
</Director>
<Directory"/var/www/html">
 Options Indexes FollowSymLinks
                      \\Options 选项有两个值,Indexes 为当在目录中找不到 DirectoryIndex
列表中指定的文件就生成当前目录的文件列表；FollowSymLinks 为允许符号链接跟随，访问不在本目录下的文件
  AllowOverride None     \\禁止读取".htaccess"配置文件的内容
  Order allow,deny   \\指定先执行 Allow（允许访问）规则，再执行 Deny（拒绝访问）规则
  Allow from all     \\设置 Allow 访问规则，允许所有连接
</Directory>
DirectoryIndex index.html index.html.var
```

设置每个目录中默认文档的文件名称，其先后顺序具有优先性。一般来说是以 index.*为文档名开头。

AccessFileName .htaccess：用于指定保护目录设置文件的文件名称，默认为.htaccess。

ErrorLog：用于记录浏览器加载网页时发生的错误，以及关闭或启动 httpd 服务的信息，如果用户没有在<VirtualHost>标记块内定义 ErrorLog 选项，这个虚拟主机的错误信息将记录在这里。如果用户定义了 ErrorLog，这些错误信息将记录在用户所定义的文件里，而不是这里定义的文件，默认指定为 logs/error_log 目录。

LogLevel：用于记录在错误日志文件 error_log 中的消息等级。可能的值包括：debug、info、notice、warn、error、alert、emerg、crit。默认日志消息等级为 warn（logLevel）。

CustomLog logs/access_log combined：用于设置访问控制日志的路径。

ServerSignature On：服务器会在自行生成的网页中加上服务器的版本与主机名称，若为 Off 时则不加，当为 E-mail 时，则不仅会加上版本与主机名，还会再加上 ServerAdmin 配置选项中设置的邮件地址。该选项默认为 On。

Alias/icons/"/var/www/icons/"：该配置选项中是为某一目录建立别名，其格式为"Alias 别名 真实名"。该配置选项默认为/var/www/icons/设置别名为/icons/。

httpd.conf 配置文件中对虚拟主机的配置参考如下，用户可以通过设置虚拟主机以便在一个主机上保存多个域名/主机名，文件中的大多数配置信息只使用基于名称的虚拟主机，因此不必担心 IP 地址的问题。虚拟主机标记块模板如下所示：

```
#<VirtualHost *:80>
#    ServerAdmin webmaster@dummy-host.example.com
#    DocumentRoot /www/docs/dummy-host.example.com
#    ServerName dummy-host.example.com
#    ErrorLog logs/dummy-host.example.com-error_log
#    CustomLog logs/dummy-host.example.com-access_log common
#</VirtualHost>
```

其中<Virtualhost*:80>中的*符号代表虚拟机的 IP 地址，80 代表的是端口号。虚拟标记块中的 ServerAdmin 配置选项指定管理员邮箱地址；Document-Root 配置选项用来指定存放网页的目录路径；ServerName 配置选项用来设置虚拟主机的名称；Errorlog 配置选项指定保存错误信息的日志文件路径；CustomLog 配置选项指定访问日志文件路径。

### 3. 配置和管理虚拟主机

虚拟主机是现在很常用的技术，一个服务器如果只存放一个公司的网页将存在资源的浪费的可能性，所以一般一个服务器上都存放了几个公司的网站，但是服务器怎么区分用户访问哪个网

站呢？这时可通过虚拟主机技术访问不同的网站。虚拟机主机有基于域名和基于 IP 两种方法，一般使用基于域名的虚拟主机技术，因为现在 IPV4 的公网 IP 很珍贵，如果一个网站占用一个 IP，那么就会浪费很多 IP，如果使用基于域名的虚拟主机就可以避免这种浪费。

虚拟主机的优点如下。

① 节约成本。利用虚拟主机技术可在一台计算机中建立多个虚拟主机，都分别提供 Web 服务，这样不必购买多台计算机，也不必另外安装线路，更不需要增加管理人员，所以就大大地节省了人力和物力。

② 稳定的性能。普通的企业级网站往往只能通过某一家 ISP 接入，如果这家 ISP 供应商有故障时，则用户就会受到影响，若采取"虚拟主机"技术，则可以借助服务器的多路由获得稳定的性能，因为大多数的虚拟主机服务商所依赖的主干网一般不止一条，这就可以保证系统不受某一家 ISP 供应商的影响了。

（1）基于 IP 的虚拟主机

基于 IP 地址的虚拟主机在服务器里绑定了多个 IP，然后配置 Apache 服务器，将多个网站绑定在不同的 IP 地址上，访问服务器上的不同 IP 地址，就可以进入不同的网站。

建立基于 IP 的虚拟主机，除了物理网卡上已经配置 ip 地址之外，首先需要添加一个虚拟网卡，并给这个虚拟网卡配置一个 IP 地址。如下所示，添加一个虚拟网卡 eth0:0，并配置 IP 地址为 192.168.0.6：

```
[root@localhost 桌面]# ifconfig eth0:0 192.168.0.6 netmask 255.255.255.0 up
[root@localhost 桌面]# ifconfig eth0
eth0:   flags=4163<UP,BROADCAST,RUNNING,MULTICAST>   mtu 1500
        inet 192.168.0.4   netmask 255.255.255.0   broadcast 192.168.0.255
        inet6 fe80::20c:29ff:fe18:da62   prefixlen 64   scopeid 0x20<link>
        ether 00:0c:29:18:da:62   txqueuelen 1000   (Ethernet)
        RX packets 545   bytes 34759 (33.9 KiB)
        RX errors 0   dropped 0   overruns 0   frame 0
        TX packets 79   bytes 11202 (10.9 KiB)
        TX errors 0   dropped 0 overruns 0   carrier 0   collisions 0

[root@localhost 桌面]# ifconfig eth0:0
eth0:0:   flags=4163<UP,BROADCAST,RUNNING,MULTICAST>   mtu 1500
        inet 192.168.0.6   netmask 255.255.255.0   broadcast 192.168.0.255
        ether 00:0c:29:18:da:62   txqueuelen 1000   (Ethernet)
```

例如，建立/var/www/bj、/var/www/sh 目录，分别用于存放 bj.amy.com、sh.amy.com 这两个网站，对应的 IP 地址分别为 192.168.0.4 和 192.168.0.6。管理员邮箱都设置为 root@amy.com。bj.amy.com 网站的 ErrorLog 位于根目录/etc/httpd 下的子目录 logs 中，命名为 bj-error_log；CustomLog 位于根目录/etc/httpd 下的子目录 logs 中，命名为 bj-access_log。sh.amy.com 网站的 ErrorLog 位于根目录/etc/httpd 下的子目录 logs 中，命名为 sh-error_log；CustomLog 在根目录/etc/httpd 下的子目录 logs 中，命名为 sh-access_log。

修改 Apache 服务器的主配置文件 httpd.conf，设置基于 ip 地址的虚拟主机。这里配置两个基于 IP 地址的虚拟主机，如下所示：

```
<VirtualHost 192.168.0.4:80>
ServerAdmin root@amy.com
DocumentRoot /var/www/bj
ServerName bj.amy.com
ErrorLog logs/bj-error_log
CustomLog logs/bj-access_log common
</VirtualHost>
```

```
<VirtualHost 192.168.0.6:80>
ServerAdmin root@amy.com
DocumentRoot /var/www/sh
ServerName sh.amy.com
ErrorLog logs/sh-error_log
CustomLog logs/sh-access_log common
</VirtualHost>
```

配置文件修改完毕后,保存并退出。建立两个网站对应的目录/var/www/bj 及/var/www/sj,并在目录中建立网页测试文件。由于在本机测试,可在/etc/hosts 文件中加入域名与 ip 地址之间的对应关系,如下所示:

```
127.0.0.1       localhost localhost.localdomain localhost4 localhost4.localdomain4
::1             localhost localhost.localdomain localhost6 localhost6.localdomain6
192.168.0.4 bj.amy.com
192.168.0.6 sh.amy.com
```

重新启动 Apache 服务器,进行测试:

`[root@localhost 桌面]# systemctl restart httpd.service`

通过 Mozilla Firefox 来访问网页,如图 10-2 和图 10-3 所示。

图10-2　访问bj.amy.com的主页

图10-3　访问sh.amy.com的主页

（2）基于域名的虚拟主机

基于域名的虚拟服务器只有一个 IP 地址即可创建多台虚拟主机,所有的虚拟主机共享同一个 IP 地址,各虚拟主机之间通过域名进行区分。由于 HTTP 访问请求里包括 DNS 域名信息,当 Web 服务器收到访问请求时,就会根据不同的 DNS 域名来访问不同的网站。

例如,根据本章项目任务,要在公司总部搭建一台 Apache 服务器,发布总公司和分公司网页（总公司、子公司都有自己独立的网站）,按照项目要求配置 Apache 服务器。

设置本机 IP 地址为 192.168.0.2。通过 vi 编辑器打开配置文件 httpd.conf,加入 NameVirtualHost 的记录,即启用基于域名的虚拟主机,然后设置基于域名的虚拟主机如下所示:

```
NameVirtualHost 192.168.0.2:80
<VirtualHost 192.168.0.2:80>
ServerAdmin root@amy.com
DocumentRoot /var/www/bj
ServerName bj.amy.com
ErrorLog logs/bj-error_log
CustomLog logs/bj-access_log common
```

```
</VirtualHost>
<VirtualHost 192.168.0.2:80>
ServerAdmin root@amy.com
DocumentRoot /var/www/sh
ServerName sh.amy.com
ErrorLog logs/sh-error_log
CustomLog logs/sh-access_log common
</VirtualHost>
<VirtualHost 192.168.0.2:80>
ServerAdmin root@amy.com
DocumentRoot /var/www/cs
ServerName cs.amy.com
ErrorLog logs/cs-error_log
CustomLog logs/cs-access_log common
</VirtualHost>
```

配置文件 httpd.conf 修改完毕后，保存并退出。建立这三个网站对应的文档目录/var/www/bj、/var/www/sh、/var/www/cs，并在三个目录中建立测试网页。

由于在本机测试，可在/etc/hosts 文件中加入域名与 ip 地址之间的对应关系，如图 10-4 所示。

```
127.0.0.1       localhost localhost.localdomain localhost4 localhost4.localdomain4
::1             localhost localhost.localdomain localhost6 localhost6.localdomain6
192.168.0.2     bj.amy.com
192.168.0.2     sh.amy.com
192.168.0.2     cs.amy.com
```

图10-4　/etc/hosts文件的修改

重新启动 Apache 服务器，使修改的配置文件生效：

[root@localhost cs]# systemctl restart httpd.service

通过 Mozilla Firefox 访问网页，如图 10-5 至图 10-7 所示。

图10-5　访问sh.amy.com

图10-6　访问bj.amy.com

图10-7　访问cs.amy.com

## 10.2 基于认证的 Apache

### 10.2.1 访问控制

在 Apache 服务器中可以通过 order allow deny 原则进行目录和文件权限访问控制，设定网站允许哪些 IP 地址访问，禁止哪些 IP 地址访问。

默认情况下所有人都可以访问网站内容，Apache 可设置基于目录和文件级别的访问控制，控制访问权限时可写域名，可写以"."开头的主机，可以写网段，可以写具体 IP，这里的规则是如果没有明确允许就拒绝。

例如，bj.amy.com 网站有非常重要的子目录/security，里面的内容仅允许来自 192.168.0.5 的主机访问，其他全部拒绝。设置参照如下 order allow deny 语句。Ordey allow deny 放在 <Directory /var/www/bj/security></Directory>中间，说明此语句是对这个目录生效。deny from all 代表拒绝所有，all from 192.168.0.5 代表只允许 IP 地址为 192.168.0.5 的机器访问。

```
<VirtualHost 192.168.0.2:80>
ServerAdmin root@amy.com
DocumentRoot /var/www/bj
ServerName bj.amy.com
<Directory /var/www/bj/security>
options indexes
order deny,allow
deny from all
allow from 192.168.0.5
</Directory>
ErrorLog logs/bj-error_log
CustomLog logs/bj-access_log common
</VirtualHost>
```

重启 Apache 服务器使配置文件生效，在 IP 地址不是 192.168.0.5 的机器上访问这个目录的结果如图 10-8 所示。

图10-8　order allow deny测试页面

### 10.2.2 别名设置

别名是一种将文档根目录/var/www/html 以外的内容加入站点的方法，别名使用语法如下：

```
Alias  /Webpath  /full/filesystem/path
//将以 Webpath 开头的 URL 映射到 /full/filesystem/path 中的文件
```

别名可使用 Directory 容器配置对别名目录的访问权限，示例如下：

```
Alias /icons/ "/var/www/icons/"

<Directory "/var/www/icons">
    Options Indexes MultiViews
    AllowOverride None
    Order allow,deny
    Allow from all
</Directory>
```

例如，sh.amy.com 网站有个子目录/down，可基于别名实现对于资源的下载。资源存放在 /var/www/xinxi 目录中，设置参照如下所示：

```
Alias /down "/var/www/xinxi"
<VirtualHost 192.168.0.2:80>
SeverAdmin root@amy.com
DocumentRoot /var/www/sh
ServerName sh.amy.com
<Directory /var/www/xinxi>
options indexes Multiviews
allowoverride none
order allow,deny
allow from all
</Directory>
ErrorLog logs/sh-error_log
CustomLog logs/sh-access_log common
</VirtualHost>
```

重启 Apache 服务器使配置文件生效，然后进行访问测试，如图 10-9 所示。

图10-9　别名测试页面

### 10.2.3　用户认证

用户认证是网络安全的基础，用户认证控制着所有登录并检查访问用户的合法性，其目标是经服务器允许的用户以合法的权限访问网络资源，用户认证后，网络用户在访问共享资源时，在浏览器中就会弹出一个对话框要求输入用户和密码，若网络用户输入的用户名和密码是对应的，则可以访问共享资源，否则视为非法用户，服务器将不为该用户提供该项服务。

例如，sh.amy.com 网站有个子目录/down，设定只有经过认证的用户才可以登录下载，认证的用户名为 xinxi，密码为 123456。

认证步骤如下所示。

**STEP 1** 首先创建认证数据库，并通过 cat 命令进行查看。

命令格式：htpasswd [选项] 文件名 用户名

htpasswd 命令的常用参数，具体说明如下。

-c：创建一个新文件。

-m：用 md5 加密。

注意：第二次再用-c 会覆盖原来的文件，所以第二次添加用户时要用-m。

```
[root@localhost xinxi]# htpasswd -cm /etc/httpd/httppasswd xinxi
New password:
Re-type new password:
Adding password for user xinxi
[root@localhost xinxi]# cat /etc/httpd/httppasswd
xinxi:$apr1$z/aR0Jl5$Ha3o30eioLmaZIh6.wNpd.
```

**STEP 2** 打开 Apache 服务器的配置文件，在虚拟模块中进行认证文件引用。

```
Alias /down "/var/www/xinxi"
<VirtualHost 192.168.0.2:80>
ServerAdmin root@amy.com
DocumentRoot /var/www/sh
ServerName sh.amy.com
<Directory /var/www/xinxi>
options indexes Multiviews
allowoverride none
order allow,deny
allow from all
authname "this is"
authtype basic
authuserfile /etc/httpd/httppasswd
require user xinxi
</Directory>
```

注意：这里设置的要求是访问目录，需要在目录段加上 options indexes 字段，否则认证成功也不能访问目录。

- Authtype：认证类型，Basic 是 Apache 自带的基本认证。
- Authname：认证名字，是提示你输入密码的对话框中的提示语。
- Authuserfile：是存放认证用户的文件。
- require user：允许指定的一个或多个用户访问，后面可跟具体的用户名。
- require valid-user：所有认证文件里面的用户都可以访问。
- require group：授权给一个组。

**STEP 3** 重启 Apache 服务使配置文件生效。

**STEP 4** 访问 sh.amy.com 网站的子目录/down，出现登录框，输入正确的用户名和密码后即可登录，如图 10-10 所示。

图10-10　用户认证测试页面

**STEP 5** 当然如果认证的是几个用户或一个组里的用户则可写成如下形式：

```
require user user1 user2
require group group1 group2
```

**STEP 6** 如认证的用户是一组用户，可参看如下设置，加入 AuthGroupFile 字段，值设置为对应的文件，require group 字段后设置的是组名。

```
Alias /down "/var/www/xinxi"
<VirtualHost 192.168.0.2:80>
ServerAdmin root@amy.com
DocumentRoot /var/www/sh
ServerName sh.amy.com
<Directory /var/www/xinxi>
options indexes Multiviews
allowoverride none
order allow,deny
allow from all
authname "this is"
authtype basic
authuserfile /etc/httpd/httppasswd
authgroupfile /etc/httpd/group1
require group group1
</Directory>
ErrorLog logs/sh-error_log
CustomLog logs/sh-access_log common
</VirtualHost>
```

访问刚才设置组用户文件的对应目录，建立组用户文件 group1，如下所示：

```
[root@localhost 桌面]# cd /etc/httpd
[root@localhost httpd]# vi group1
```

新添加认证用户 yy，并通过 cat 命令进行查看。

```
[root@localhost httpd]# htpasswd -m /etc/httpd/httppasswd yy
New password:
Re-type new password:
Adding password for user yy
[root@localhost httpd]# cat /etc/httpd/httppasswd
xinxi:$apr1$z/aR0Jl5$Ha3o30eioLmaZIh6.wNpd.
yy:$apr1$AVueFvBP$EHLdtzivYq3lD9mvvntFI1
```

vi 编辑器编辑组用户文件 vi group1，设置前面步骤中已经建立的 xinxi 和 yy 用户为 group1 的成员，如下所示：

```
group1:xinxi yy
```

重启 Apache 服务，然后用 group1 里的成员进行测试登录即可。

### 10.2.4 Apache 日志管理

Apache 日志文件包括错误日志和访问日志两种类型。错误日志（文件名为 error_log）记录了 Apache 服务器启动和运行时发生的错误。访问日志（文件名为 access_log）记录了客户端所有的访问信息，通过分析访问日志可以了解客户端用户哪些时间访问了哪些文件等信息。

Apache 服务器默认使用普通日志格式（Common Log Format）的记录，每一个请求占用一行，每行包含多个字段，例如：主机、标识性检查、验证用户、日期、客户机提交的请求、发送给客户机的状态以及发送对象的字节数等。通过对 httpd.conf 文件的修改，可以更改日志的实现格式以适应不同用户的管理方式。

借助于 LogFormat 和 CustomLog 命令，用户可以根据自己的需要定义日志记录，添加更多可显示细节的日志字段（即日志文件记录格式说明符），其中各字段说明如表 10-2 所示。

表 10-2　Apache 日志字段说明

| 格式说明 | 描述 |
| --- | --- |
| %a | 远程 IP 地址 |
| %A | 本地 IP 地址 |
| %b | 所发送的字节数，不包含 http 头 |
| %{variable}e | Variable 环境变量的内容 |
| %h | 远程主机 |
| %f | 文件名 |
| %m | 请示方法 |
| %l | 远程登录名 |
| %r | 请求的第一行 |
| %t | 时间，按照默认的格式 |
| %U | 请求的 URL 路径 |
| %v | 请求的服务器名称 |
| %P | 服务请求的子进行 ID |
| %p | 服务器响应请求时使用的端口 |
| %s | 状态 |
| %u | 远程用户 |

在 Apache 中有四条与日志相关的配置参数，如下所示：

（1）ErrorLog

格式：ErrorLog　错误日志文件名

功能：指定错误日志文件的存放位置

（2）LogLevel

格式：LogLevel　错误日志记录等级

功能：指定错误日志的记录等级

（3）LogFormat

格式：LogFormat　记录格式说明　格式昵称

功能：为一个日志记录格式命名

（4）CustomLog

格式：CustomLog　访问日志文件名　格式昵称

功能：指定访问日志的存放位置和记录格式

Apache 服务器的日志文件保存在/var/log/httpd 目录下，可以通过/etc/httpd/logs 目录来访问这些日志文件，accesss_log 文件记录访问网页的时间以及浏览者的 IP 地址或域名等信息，Error_log 文件主要记录 httpd 服务关闭或者启动的时间以及访问网页发生错误时的状况。这两个文件都会随着访问量的增加而增加，管理员要适时处理日志文件，以免占用过多空间，造成资源的浪费。

### 1. 配置错误日志

配置错误日志主要是通过 ErrorLog 和 LogLevel 两个参数来进行的。配置错误日志只需说明日志文件的存放位置和日志记录等级即可，错误日志等级如表 10-3 所示。

表 10-3 Apache 错误日志说明

| 紧急程度 | 等级 | 功能说明 |
| --- | --- | --- |
| 1 | Emerg | 出现紧急情况使得系统不可用 |
| 2 | Alert | 需立即引起注意的情况 |
| 3 | Crit | 危险情况的警告 |
| 4 | Error | 除了 emerg、alert、crit 的其他错误 |
| 5 | Warn | 警告信息 |
| 6 | Notice | 需引起注意的情况 |
| 7 | Info | 值得报告的一般消息 |
| 8 | Debug | 由运行于 debug 模式的程序所产生的信息 |

配置错误日志文件应在/etc/httpd/conf/httpd.conf 文件中添加如下语句：

```
ErrorLog logs/error_log
LogLevel warn
```

### 2. 配置访问日志

为了便于分析 Apache 的访问日志，在 Apache 的默认配置文件中，按记录的信息不同将访问日志分为 4 类，并由 LogFormat 配置参数定义昵称，其格式分类如下所示：

（1）普通日志格式  common

功能：大多数日志分析软件都支持这种格式

（2）参考日志格式  referrer

功能：记录客户访问站点的用户身份

（3）代理日志格式  agent

功能：记录请求的用户代理

（4）综合日志格式  combined

功能：结合以上 3 种日志信息

由于综合日志格式简单地结合了 3 种日志信息，所以在配置访问日志时，可使用 3 个文件分别记录日志，或是通过一个综合文件记录日志。

若使用 3 个文件分别记录日志，则应在"/etc/httpd/conf/httpd.conf"配置文件中按如下方式配置：

```
LogFormat "%h %l %u %t \"%r\" %>s %b" common
LogFormat "%{Referer}i-> %U" referrer
LogFormat "%{User-agent}I" agent
CustomLog logs/access_log common
CustomLog logs/referer_log referrer
CustomLog logs/agent_log agent
```

若使用一个综合文件记录日志时，则在"/etc/httpd/conf/httpd.conf"配置文件中按如下方式配置，也是 Apache 的默认配置：

```
LogFormat %h %l %u %t \"%r\" %>s %b \"%{Referer}i\" \"%{User-Agent}i\" combined
CustomLog logs/access_log combined
```

如下所示为访问日志的部分记录：

```
192.168.0.2 - - [10/Sep/2014:17:30:16 -0700] "GET /test.jsp HTTP/1.1" 304 - "-"
"Mozilla/5.0 (X11; U; Linux i686; en-US; rv:1.9b5) Gecko/2008042803 Red Hat/3.0b
5-0.beta5.6.e15 Firefox/3.0b5"
```

从以上的日志记录可以看出，IP 地址为 192.168.0.2 的主机在 2014 年 9 月 10 日 17 时 30 分使用 Red Hat 系统中的 Firefox 浏览器访问过本机的 test.jsp 网页。

## 10.3 Apache 的应用

在 Linux 中，为了方便用户快速开发高效率的动态 Web 站点，集成了 PHP3 等多种动态 Web 站点开发方案，用户可以根据自己的需要，选择适合自己的方案。

### 10.3.1 安装和管理 MariaDB 数据库服务器

在创建动态 Web 站点时，有时需要用到数据库服务器来存储、查询动态网站的数据。它以后台运行的数据库管理系统为基础，加上一定的前台应用程序，被广泛地应用在网站、搜索引擎等各个方面。例如：网站的后端数据库存储着网站所有的数据，因此只有掌握好数据库技术，才能够构建强大的网站。其中，MySQL 是目前最流行的开放源码数据库服务器之一，Red Hat Enterprise Linux 6 之前的版本一般是采用 MySQL 作为数据库服务器，而 Red Hat Enterprise Linux 7 默认提供 MariaDB 而非 MySQL。MariaDB 是由原来 MySQL 的作者 Michael Widenius 创办的公司所开发的免费开源的数据库服务，是采用 Maria 存储引擎的 MySQL 分支版本，与 MySQL 相比较，MariaDB 更强的地方在于二者支持的引擎不同。通常可以通过 show engines 命令来查看两种数据库服务器支持的不同引擎。MariaDB 占用的端口为 3306。

通过 Yum 安装 MariaDB，如下所示：

```
[root@localhost 桌面]# yum install mariadb mariadb-server.x86_64
```

常用的 MariaDB 管理命令如下所示：

```
#systemctl start mariadb.service              \\启动 MariaDB
#systemctl stop mariadb.service               \\停止 MariaDB
#systemctl restart mariadb.service            \\重启 MariaDB
#systemctl enable mariadb.service             \\设置开机启动
```

可通过如下命令拷贝配置文件（注意：如果/etc 目录下面默认有一个 my.cnf，直接覆盖即可）：

```
[root@localhost 桌面]# cp /usr/share/mysql/my-huge.cnf /etc/my.cnf
```

安装完毕后，需为 root 账户设置密码，如下所示：

```
[root@localhost 桌面]# mysql_secure_installation
…
In order to log into MariaDB to secure it, we'll need the current
password for the root user.  If you've just installed MariaDB, and
you haven't set the root password yet, the password will be blank,
so you should just press enter here.

Enter current password for root (enter for none):     \\为 root 设置密码，回车即可
```

```
OK, successfully used password, moving on...

Setting the root password ensures that nobody can log into the MariaDB
root user without the proper authorisation.

Set root password? [Y/n] y                    \\设置root密码吗，输入y即可
New password:                                 \\输入密码，不会有任何显示
Re-enter new password:                        \\再次输入密码，不会有任何显示
Password updated successfully!
Reloading privilege tables..
 ... Success!


By default, a MariaDB installation has an anonymous user, allowing anyone
to log into MariaDB without having to have a user account created for
them. This is intended only for testing, and to make the installation
go a bit smoother. You should remove them before moving into a
production environment.

Remove anonymous users? [Y/n] y               \\是否移除匿名用户，输入y即可
 ... Success!

Normally, root should only be allowed to connect from 'localhost'. This
ensures that someone cannot guess at the root password from the network.

Disallow root login remotely? [Y/n] y         \\是否不允许root远程登录，输入y即可
 ... Success!

By default, MariaDB comes with a database named 'test' that anyone can
access. This is also intended only for testing, and should be removed
before moving into a production environment.

Remove test database and access to it? [Y/n] y  \\是否删除test数据库及访问权
                                                限，输入y即可
 - Dropping test database...
 ... Success!
 - Removing privileges on test database...
 ... Success!

Reloading the privilege tables will ensure that all changes made so far
will take effect immediately.

Reload privilege tables now? [Y/n] y          \\重新加载权限表吗？输入y即可
 ... Success!

Cleaning up...

All done! If you've completed all of the above steps, your MariaDB
installation should now be secure.

Thanks for using MariaDB!
```

通过 mysql-u root-p 输入密码登录数据库，在命令行下通过 show databases；查看当前数据库的命令如下所示：

```
[root@localhost 桌面]# mysql -u root -p
Enter password:
Welcome to the MariaDB monitor.  Commands end with ; or \g.
Your MariaDB connection id is 14
Server version: 5.5.35-MariaDB MariaDB Server

Copyright (c) 2000, 2013, Oracle, Monty Program Ab and others.

Type 'help;' or '\h' for help. Type '\c' to clear the current input statement.

MariaDB [(none)]> show databases;
+--------------------+
| Database           |
+--------------------+
| information_schema |
| mysql              |
| performance_schema |
+--------------------+
3 rows in set (0.00 sec)
```

### 1. 数据库的创建和使用

在 MariaDB 中创建数据库的 SQL 语法格式如下所示

```
create database 数据库名；
```

例如，创建一个名为 xinxi 的学生选课数据库，如下所示：

```
MariaDB [(none)]> create database xinxi;
Query OK, 1 row affected (0.00 sec)
```

创建数据库后，用如下命令查看 MariaDB 当前所有可用的数据库：

```
MariaDB [(none)]> show databases;
+--------------------+
| Database           |
+--------------------+
| information_schema |
| mysql              |
| performance_schema |
| xinxi              |
+--------------------+
4 rows in set (0.00 sec)
```

由上可知，MariaDB 中现有四个数据库，即 information_schema、mysql、performance、xinxi。

### 2. 选择数据库

要选择一个数据库使它成为所有事务的当前数据库，可使用如下命令：

```
use 数据库名称；
```

例如，选择刚才创建的 xinxi 数据库，输入如下内容：

```
MariaDB [mysql]> use xinxi;
Database changed
```

### 3. 删除数据库

要删除一个数据库及其所有表（包含表中的数据），可使用如下命令：

```
drop database 数据库名称；
```

例如，删除前面创建的 xinxi 数据库，输入如下内容：

```
MariaDB [xinxi] > drop database xinxi;
Query OK, 0 rows affected (0.00 sec)
```

### 4. 表的创建、复制、删除和修改

在关系型数据库管理系统中，数据库用来将多个表有机地组织起来，数据表用来存储数据，每个数据库表由行和列组成，每一行为一个记录行，每个记录行包含多个列（字段）。

（1）创建表

CREATE TABLE 表名称（字段1，字段2，……，字段n，[表级约束]）；

其中，字段 i（i=1，2，…，n）的格式为"字段名 字段类型[字段约束]"。字段类型用来规定某个字段所允许输入数据的类型，部分常用的字段类型如表 10-4 所示。

表 10-4　常用字段类型

| 类型 | 描述 |
| --- | --- |
| INT | 整型，4 个字节 |
| FLOAT | 浮点型，4 个字节 |
| DOUBLE | 双精度浮点型，8 个字节 |
| DATE | 日期型，3 个字节 |
| CHAR(M) | 字符型，M 个字节，0<=M<=255 |
| VARCHAR(M) | 字符串型，L+1 个字节，其中 L<=M 且 0<=M<=65535 |
| BLOB | 可变二进制型，L+2 个字节，其中 L<216 |
| TEXT | 最大长度为 65535 个字符的字符串 |

字段约束用来进一步对某个字段所允许输入的数据进行约束，如表 10-5 所示为常用的字段约束。

表 10-5　常用的字段约束

| 约束 | 描述 |
| --- | --- |
| Null(或 Not Null) | 允许字段为空（或不允许字段为空），默认为 Null |
| Default | 指定字段的默认值 |
| Auto_Increment | 设置 Int 型字段能够自动生成递增 1 的整数 |

表级约束用于指定表的主键、外键、索引和唯一约束，如表 10-6 所示。

表 10-6　表级约束

| 约束 | 描述 |
| --- | --- |
| PRIMARY KEY | 为表指定主键 |
| FOREIGN KEY...REFERENCES | 为表指定外键 |
| INDEX | 创建索引 |
| UNIQUE | 为某个字段建立索引，该字段的值必须唯一 |
| FULLTEXT | 为某个字段建立全文索引 |

例如，要在学生信息数据库中创建一个名为 student 的表（存放学生的有关信息），学号 sno、姓名 sname 字段非空，性别 sex 字段默认值为"m"，生日 birthday 字段为日期型，部门 depa

字段，主键设置为 sno，命令可如下所示：

```
MariaDB [xinxi] > create table student(
    -> sno varchar(7) not null,
    -> sname varchar(20) not null,
    -> sex char(1) default 'm',
    -> birthday date,
    -> depa char(2),
    -> primary key(sno));
Query OK, 0 rows affected (0.02 sec)
```

然后，可通过"desc student"命令查看表结构，如下所示：

```
MariaDB [xinxi] > desc student;
+----------+-------------+------+-----+---------+-------+
| Field    | Type        | Null | Key | Default | Extra |
+----------+-------------+------+-----+---------+-------+
| sno      | varchar(7)  | NO   | PRI | NULL    |       |
| sname    | varchar(20) | NO   |     | NULL    |       |
| sex      | char(1)     | YES  |     | m       |       |
| birthday | date        | YES  |     | NULL    |       |
| depa     | char(2)     | YES  |     | NULL    |       |
+----------+-------------+------+-----+---------+-------+
5 rows in set (0.01 sec)
```

在一个设计好的数据库中，对于每个记录来说，主键都是不变的、唯一的标识符。在本例中字段 sno 被定义为主键，该字段中不允许有重复的值或者 NULL 值。

（2）复制表

在 MariaDB 中，可以使用"create table 新表名称 like 源表名称；"SQL 语句来复制表结构。例如，将表 student 复制为另一个表 cstudent，命令可如下所示：

```
MariaDB [xinxi] > create table cstudent like student;
Query OK, 0 rows affected (0.02 sec)

MariaDB [xinxi] > desc cstudent;
+----------+-------------+------+-----+---------+-------+
| Field    | Type        | Null | Key | Default | Extra |
+----------+-------------+------+-----+---------+-------+
| sno      | varchar(7)  | NO   | PRI | NULL    |       |
| sname    | varchar(20) | NO   |     | NULL    |       |
| sex      | char(1)     | YES  |     | m       |       |
| birthday | date        | YES  |     | NULL    |       |
| depa     | char(2)     | YES  |     | NULL    |       |
+----------+-------------+------+-----+---------+-------+
5 rows in set (0.00 sec)
```

（3）删除表

MariaDB 中删除一个或多个表的 SQL 语句格式为"drop table 表名称 1[,表名称 2，…];"。

例如，删除表 cstudent,并通过"show tables"命令查看现存的表，如下所示：

```
MariaDB [xinxi] > drop table cstudent;
Query OK, 0 rows affected (0.12 sec)

MariaDB [xinxi] > show tables;
+-----------------+
| Tables_in_xinxi |
+-----------------+
| student         |
+-----------------+
1 row in set (0.00 sec)
```

（4）修改表

创建表之后，如果想要修改表的结构，如添加、删除或修改字段，更改表的名称和类型等，则需要使用 alter 语句来进行，alter 语句基本格式为"alter table 表名称 更改动作 1, [更改动作 2, …];"。

更改动作是由 add、drop、change 等关键字，以及有关字段的定义组成的。下面通过一些例子来说明 alter 命令的一些具体使用方法。

MariaDB 中添加一个字段的 SQL 语句格式为"alter table 表名 add 字段 类型 其他;"。

例如，在表 student 中添加一个字段 class，类型为 varchar(10)，如下所示：

```
MariaDB [xinxi]> alter table student add class varchar(10);
Query OK, 0 rows affected (0.03 sec)
Records: 0  Duplicates: 0  Warnings: 0

MariaDB [xinxi]> desc student;
+----------+-------------+------+-----+---------+-------+
| Field    | Type        | Null | Key | Default | Extra |
+----------+-------------+------+-----+---------+-------+
| sno      | varchar(7)  | NO   | PRI | NULL    |       |
| sname    | varchar(20) | NO   |     | NULL    |       |
| sex      | char(1)     | YES  |     | m       |       |
| birthday | date        | YES  |     | NULL    |       |
| depa     | char(2)     | YES  |     | NULL    |       |
| class    | varchar(10) | YES  |     | NULL    |       |
+----------+-------------+------+-----+---------+-------+
6 rows in set (0.00 sec)
```

MariaDB 中添加一个字段的 SQL 语句格式为"alter table 表名 drop 字段;"。

例如，在表 student 中删除字段 class，如下所示：

```
MariaDB [xinxi]> alter table student drop class;
Query OK, 0 rows affected (0.24 sec)
Records: 0  Duplicates: 0  Warnings: 0
```

MariaDB 中修改一个字段名称及类型的 SQL 语句格式为"alter table 表名 change 原字段名 新字段名 类型;"。

例如，在表 student 中修改原字段名 depa 为新字段 class 并将其字段类型更改为 char(10)，如下所示：

```
MariaDB [xinxi]> alter table student change depa class char(10);
Query OK, 0 rows affected (0.05 sec)
Records: 0  Duplicates: 0  Warnings: 0
```

（5）表中插入数据

表结构确定之后，如需要添加数据等，则需要使用 insert 语句来进行，insert 语句基本格式为"insert into <表名> [( <字段名 1>[...<字段名 n > ])] values ( 值 1 )[, ( 值 n )];"。

例如，在表中插入记录，这条记录的 sno 号为 2012001,sname 的值为 tom，sex 的值为"male"，birthday 的值为"1985-03-01"，class 的值为"xinan1301"，如下所示：

```
MariaDB [xinxi]> insert into student values
    -> (2012001,'tom','male','1985-03-01','xinan1301');
Query OK, 1 row affected, 1 warning (0.00 sec)
```

（6）检索表中的数据

数据插入之后，如果需要检索出表中的数据需要使用 select 语句来进行，select 语句的基本格式为"select <字段 1, 字段 2, …> from < 表名 > where < 表达式 >;"

例如，检索表 student 中所有的数据，如下所示：

```
MariaDB [xinxi]> select * from student;
+---------+-------+------+------------+---------+
| sno     | sname | sex  | birthday   | class   |
```

```
+---------+------+------+------------+----------+
| 2012001 | tom  | m    | 1985-03-01 | xinan1301|
+---------+------+------+------------+----------+
1 row in set (0.00 sec)
```

（7）删除表中的数据

如果需要删除表中的数据则需要使用 delete 语句来进行，delete 语句的基本格式为"delete from 表名 where 表达式；"

例如，删除表中的所有数据，命令如下所示：

```
MariaDB [xinxi]> delete from student;
Query OK, 1 row affected (0.01 sec)
```

### 10.3.2 配置 PHP 应用程序

PHP 是 PHP Hypertext Preprocessor（超级文本预处理语言的简写），是一种 HTML 内嵌式的语言，是一种在服务器端执行的"嵌入 HTML 文档的脚本语言"，现在比较流行。

Yum 安装 PHP 及 PHP 相关的软件包，使 PHP 支持 MariaDB，如下所示：

```
#yum install php-mysql php-gd libjpeg* php-ldap php-odbc php-pear php-xml php-xmlrpc php-mhash
```

在/var/www/bj 目录下创建 php 环境测试文件 index.php，如下所示：

```
<?
phpinfo();
?>
```

Vi 编辑器修改 php 的配置文件/etc/php.ini，设置 short_open_tag = ON，使之支持 PHP 短标签。

重启 Apache 服务及 MariaDB 服务使之生效，如下所示：

```
[root@localhost 桌面]# systemctl restart mariadb.service
[root@localhost 桌面]# systemctl restart httpd.service
```

在浏览器的位置栏中输入"http://bj.amy.com/index.php"，如果弹出如图 10-11 所示的界面，则说明 PHP 运行环境配置成功。

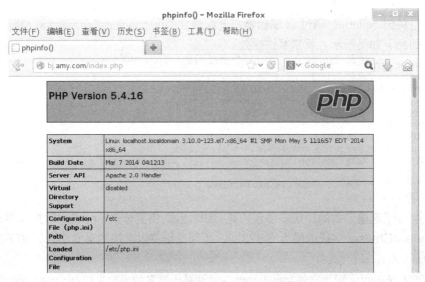

图10-11　PHP运行环境安装成功测试页面

## 10.4 项目实训

**1. 实训任务**

bj.amy.com 网站搭建 PHP 论坛实现广大用户的在线交流，PHP 论坛数据存放在 MariaDB 数据库中。该网站有个非常重要的子目录/security，里面的内容仅允许来自 192.168.0.0/24 这个网段的成员访问，其他全部拒绝。

**2. 实训目的**

通过本节操作，掌握配置基于域名的虚拟主机、order allow deny 原则的设置及 PHP 环境及论坛安装时数据库的设置。

**3. 实训步骤**

**STEP 1** 按照前面课程中讲解的方法完成 PHP 环境及 MariaDB 数据库的基本安装。

**STEP 2** 在 http://www.discuz.net 网站下载 Discuz 论坛安装程序。

**STEP 3** 在 RHEL 7 系统中新建目录/discuze，并把下载的 Discuz 论坛安装程序 Discuz_X3.2_SC_GBK.zip 放入此目录中。

**STEP 4** 解压 Discuz 安装程序，如下所示：

```
[root@localhost discuze]# unzip Discuz_X3.2_SC_GBK.zip
```

**STEP 5** 将解压出来的 upload 目录中的内容上传到 bj.amy.com 网站对应的目录/var/www/bj 中。

```
[root@localhost discuze]# cp -r upload/* /var/www/bj
```

**STEP 6** 进行论坛安装时，需要修改以下目录的权限为可读写：

```
[root@localhost bj]# chmod -R 777 config
[root@localhost bj]# ll -d config
drwxrwxrwx. 2 root root 87 11月 13 14:41 config
[root@localhost bj]# chmod -R 777 data
[root@localhost bj]# ll -d data
drwxrwxrwx. 13 root root 4096 11月 13 14:41 data
[root@localhost bj]# chmod -R 777 uc_client/data/cache/
[root@localhost bj]# chmod -R 777 uc_server/
```

**STEP 7** 关闭 selinux，通过 vi 编辑器打开配置文件/etc/sysconfig/selinux，修改 SELINUX 的值为 disabled，如下所示。重启系统生效。

```
# This file controls the state of SELinux on the system.
# SELINUX= can take one of these three values:
#     enforcing - SELinux security policy is enforced.
#     permissive - SELinux prints warnings instead of enforcing.
#     disabled - No SELinux policy is loaded.
SELINUX=disabled
# SELINUXTYPE= can take one of these two values:
#     targeted - Targeted processes are protected,
#     minimum - Modification of targeted policy. Only selected processes are protected.
#     mls - Multi Level Security protection.
SELINUXTYPE=targeted
```

**STEP 8** 由于这里下载的论坛安装程序是 GBK 版本，需要修改 Apache 配置文件 httpd.conf 中的 AddDefaultCharset 字段的值为 GB2312，否则论坛将以乱码的形式出现，如下所示：

```
AddDefaultCharset GB2312
```

**STEP 9** 在 Apache 配置文件 httpd.conf 中设置基于域名的虚拟主机 bj.amy.com，设置此网站的子目录/security，里面的内容仅允许来自192.168.0.0/24这个网段的成员访问，其他全部拒绝。

```
<VirtualHost 192.168.0.2:80>
ServerAdmin root@amy.com
DocumentRoot /var/www/bj
ServerName bj.amy.com
<Directory /var/www/bj/security>
options indexes
order deny,allow
deny from all
allow from 192.168
</Directory>
ErrorLog logs/bj-error_log
CustomLog logs/bj-access_log common
</VirtualHost>
```

**STEP 10** 修改完Apache配置文件httpd.conf，重启Apache服务器以使之生效。

`[root@localhost bj]# systemctl restart httpd.service`

**STEP 11** 打开浏览器，通过访问http://www.bj.com/install 进入论坛安装界面，如图10-12（a）所示。

图10-12 论坛安装界面（a）

**STEP 12** 将浏览器的垂直滚动条拖曳到下方，单击"同意"按钮，开始安装，如图10-12（b）所示。

图10-12 论坛安装界面（b）

**STEP 13** 在此界面中，可看到论坛在对安装环境进行检查，如全部显示为绿色勾，则可以单击"下一步"按钮进行继续安装。在设置运行环境界面，选择"全新安装Discuz!X"，如图10-13所示。

图10-13 论坛设置运行环境界面

**STEP 14** 单击"下一步"后,进入"安装数据库"界面,填写正确的数据库用户名及密码,设置论坛管理员用户名及密码,如图10-14所示。

图10-14 安装数据库界面

**STEP 15** 进行论坛数据库的安装,安装完毕后,可见图10-15所示界面,单击右下角的"您的论坛已经安装完毕,点此访问"则可完成论坛的安装。

图10-15 安装完成界面

# Chapter 11

## 项目十一
## 电子邮件服务器

■ **项目任务**

搭建 E-mail 服务器,构建企业内部员工邮箱,收发电子邮件。该邮件服务器的 IP 地址为 192.168.0.3,负责投递的域为 amy.com。该局域网内部的 DNS 服务器为 192.168.0.1,该 DNS 服务器负责 amy.com 域的域名解析工作。要求通过配置该邮件服务器实现例如 user1 利用邮箱账号 user1@amy.com 给邮箱账号为 user2@amy.com 的用户 user2 发送邮件。网络拓扑如图 11-1 所示。

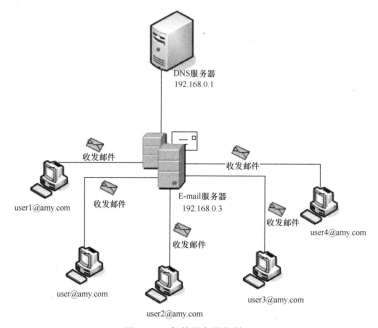

图11-1 邮件服务器拓扑图

■ **任务分解**

- 配置和管理 Sendmail 服务器。实现 Sendmail 服务器将邮件通过网络发送到目的地。
- 配置 Dovecot 服务器。实现 Dovecot 服务器异地接收邮件。
- 电子邮件客户端的配置与访问。实现通过电子邮件客户端收发邮件。

■ **教学目标**

- 掌握邮件系统的工作原理。
- 熟悉配置和管理 Sendmail 服务器。
- 掌握配置 Dovecot 服务器。
- 掌握配置和访问电子邮件客户端。

## 11.1 配置和管理 Sendmail 服务器

### 11.1.1 电子邮件服务简介

电子邮件(E-mail)是最基本的网络通信工具,进入互联网的用户以不用任何纸张的形式,方便地撰写、收发各类信件。这些信件都是电子文档，它可以不受区域或国际限制，随意地发送和收取，但前提是必须处于互联网中。到目前为止，可以说电子邮件是 Internet 资源中被使用最多的一种服务，E-mail 不只局限于信件的传递，还可用来传递文件、声音及图形、图像等不同类型的信息。

电子邮件的协议标准是 TCP/IP 协议簇的一部分，它规定了电子邮件的格式和在邮局交换电子邮件的协议。

E-mail 像普通的邮件一样，也需要地址，它与普通邮件的区别在于它是电子地址。所有在 Internet 之上有信箱的用户都有自己的一个或几个 E-mail address，并且这些 E-mail address 都是唯一的。邮件服务器就是根据这些地址，将每封电子邮件传送到各个用户的信箱中，E-mail address 就是用户的信箱地址。就像普通邮件一样，你能否收到你的 E-mail，取决于你是否取得了正确的电子邮件地址（你需要先向邮件服务器的系统管理人员申请注册）。

一个完整的 Internet 邮件地址由两个部分组成，格式如下：

```
loginname@hostname.domain
即：登录名@主机名.域名
```

中间用一个符号"@"分开，符号的左边是对方的登录名，右边是完整的主机名，它由主机名与域名组成。其中，域名由几部分组成，每一部分被称为一个子域（Subdomain），各子域之间用圆点"."隔开，每个子域都会告诉用户一些有关这台邮件服务器的信息。

假定用户 Webmaster 的本地机（必须具有邮件服务器功能）为 cug.edu.cn，其 E-mail 地址为 Webmaster@dns.cug.edu.cn。它告诉我们：这台计算机在中国（cn），隶属于教育机构（edu）下的中国地质大学（cug），机器名是 dns。在@符号的左边是用户的登录名：Webmaster。

电子邮件不是一种"终端到终端"的服务，而是被称为"存贮转发式"服务。这正是电子信箱系统的核心，利用存贮转发可进行非实时通信，属异步通信方式。即信件发送者可随时随地发送邮件，不要求接收者同时在场，即使对方现在不在，仍可将邮件立刻送到对方的信箱内，且存储在对方的电子邮箱中。接收者可在他认为方便的时候读取信件，不受时空限制。在这里，"发送"邮件意味着将邮件放到收件人的信箱中，而"接收"邮件则意味着从自己的信箱中读取信件，信箱实际上是由文件管理系统支持的一个实体。因为电子邮件是通过邮件服务器（mail server）来传递文件的。

电子邮件系统主要由电子邮件发送和接收系统及电子邮局系统两个部分组成。

**1. 电子邮件发送和接收系统**

电子邮件的收发都是在邮件发送者或接收者的计算机中通过客户端的应用软件来完成的，如 Outlook Express、Foxmail 等，用户可根据自己的需要选择邮件发送和接收软件。在电子邮件术语中，将邮件的发送和接收称为 MUA。

MUA 的功能主有撰写、显示和处理邮件 3 种功能，当用户在撰写好邮件后，由邮件处理应用程序将其发送到网络中，而收信方则通过客户端应用程序将邮件从网络中下载到客户机，实现显示和邮件处理的功能。

**2. 电子邮局系统**

电子邮局行使着与传统邮局一样的功能，它在发送者和接收者之间起一个桥梁的作用，它是运行于服务器上的一个应用软件，如 Exchange、Sendmail 等，在电子邮件术语中，将电子邮局系统称为 MTA。

MTA 负责电子邮件的传送、存储和转发，同时，MTA 还监视用户代理的请求，根据电子邮件的目标地址找出对应的邮件服务器，将信件在服务器之间传输并且对接收到的邮件进行缓冲，所以 MTA 的主要功能有以下 4 个：

（1）接收和传输客户端的邮件；
（2）维护邮件队列，以便客户端不必一直等到邮件真正发送完成；
（3）接收客户的邮件，并将邮件放到缓冲区域，直到用户连接并收取邮件；
（4）可有选择地转发和拒绝转发接收的邮件。

### 11.1.2 电子邮件系统的工作原理

在电子邮件系统中，发送者只需要将信件发送到发件服务器即可，剩下的工作就由发件服务器来完成，为了保存用户提交的电子邮件，电子邮件系统使用了假脱机的缓存技术，当用户将电子邮件提交给系统后，邮件系统将一个邮件的副本链接同发送者的标志、接收者的标志、目的主机和投递时间一起存放在 MUA 交互的 MTA 专用缓冲区内，然后发送者就可以执行别的任务，而电子邮件系统则把传送邮件到无端目标主机的工作放在后台进行，如图 11-2 所示。

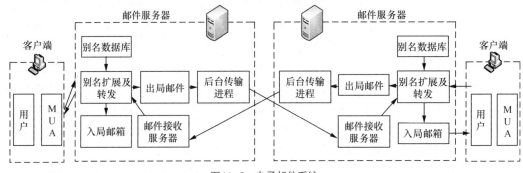

图 11-2　电子邮件系统

### 11.1.3　SMTP

SMTP 的全称是 "Simple Mail Transfer Protocol"，即简单邮件传输协议。它是一组用于从源地址到目的地址传输邮件的规范，通过它来控制邮件的中转方式。SMTP 协议属于 TCP/IP 协议簇，它帮助每台计算机在发送或中转信件时找到下一个目的地。SMTP 服务器就是遵循 SMTP 的发送邮件服务器。SMTP 认证，简单来说就是要求必须在提供了账户名和密码之后才可以登录 SMTP 服务器，这就使得那些垃圾邮件的散播者无可乘之机。增加 SMTP 认证的目的是为了使用户避免受到垃圾邮件的侵扰。

### 11.1.4　Sendmail 服务的安装与配置

Sendmail 是一种被广泛采用的邮件传输代理程序（Mail Transport Agent，MTA），邮件传输代理程序负责把邮件从一台计算机发送到另一台计算机。Sendmail 并不提供邮件阅读功能，而是运行在后台的、用于把邮件通过 Internet 发送到目的地的服务器程序。

Linux 平台中，有许多邮件服务器可供选择，但目前使用较多的是 Sendmail 服务器、Postfix 服务器和 Qmail 服务器 Sendmail 是一个很优秀的邮件服务软件。几乎所有 Linux 的缺省配置中都内置了这个软件,只需要设置好操作系统,它就能立即运转起来。

Postfix 是一个在 IBM 资助下由 Wietse Venema 负责开发的一个自由软件工程产物,它的目的就是为用户提供除 Sendmail 之外的邮件服务器选择。

Qmail 是由 Dan Bernstein 开发的可以自由下载邮件的服务器软件。

本节将介绍 Sendmail 邮件服务器的安装与配置。

### 1. Sendmail 的安装

系统默认只安装了 Sendmail 的一些组件,需要自己重新安装。使用 YUM 方式进行安装。

[root@localhost named]# yum install sendmail*

当 sendmail 安装完成后,就可以正常启动邮件服务器了,sendmail 的启动方式如下所示:

```
#systemctl start sendmail.servic              \\启动 Sendmail
#systemctl restart sendmail.servic            \\重启 Sendmail
```

### 2. 配置 Sendmail 服务器

(1)Sendmail 所需的软件与软件结构

Sendmail,使用端口为 25(smtp),后台进程为 Sendmail。Sendmail 至少需要下面几个软件才行。

- Sendmail 提供主要的 Sendmail 程序与配置文件。
- sendmail-cf 提供 sendmail.cf 这个配置文件的默认整合数据。
- M4 辅助 Sendmail 将 sendmail-cf 的数据转成实际可用的配置文件。

这 3 个软件存在着相关性,不过如果在安装的时候没有选择完整安装所有软件的话,sendmail-cf 则可能没有被安装,所以建议自行利用 rpm 以及 yum 命令检查,并安装它。

几乎所有的 Sendmail 相关配置文件都在/etc/mail 目录下,主要的配置文件基本上都有以下几个。

① /etc/mail/sendmail.cf。

Sendmail 的主配置文件,所有与 Sendmail 相关的配置都是靠它来完成的。但是这个配置文件的内容很复杂,所以建议不要随意改动这个文件,而是通过编辑简单的宏文件/etc/mail/sendmail.mc,并使用工具 m4 来生成 sendmail.cf 配置文件。

② /usr/share/sendmail-cf/cf/*.mc。

这些文件是 sendmail.cf 配置文件的默认参数数据,由于提示过不要直接手动修改 sendmail.cf,如果想要处理 sendmail.cf 时,就需要通过这个目录下的参数来事先准备设置数据。当然,这些默认参数的数据文件必须通过 m4 工具来转换。

③ /etc/mail/sendmail.mc(通过 m4 工具转换)。

sendmail.mc 宏应该定义了操作系统类型、文件位置、请求特征及邮件发送工具、用户列表等信息。在 sendmail.mc 中默认设定以 dnl 开头的行表示注释,即在编译宏文件时不会写入配置文件中。利用 m4 命令并通过指定的默认参数文件重建 sendmail.cf 时,就是通过这个宏文件来设置处理的。

④ /etc/mail/local-host-names。

MTA 能否将邮件接收下来与这个配置文件有关。如果邮件服务器的名称有多个( xx.com.cn、yy.com.cn 等),那么这多个名称都要写入这个文件中才行,否则将会造成例如 aa@xx.com.cn 可以接收邮件,而 aa@yy.com.cn 却不能接收邮件的现象,虽然这两个 E-mail 地址都是传送到同一台邮件服务器上，不过 MTA 能不能接收该地址的邮件是需要设置的。

⑤ /etc/mail/access.db。

该文件用来设置是否可以 Relay 或者是否接收邮件的数据库文件。

⑥ /etc/aliases.db

可用来创建电子邮件信箱别名，假设一用户账号为 xx，他还想使用 yy 账号来接收邮件，此时不需要再建立一个 yy 的账号，直接在这个文件里设置一个别名，让寄给 yy 的邮件直接存放到 xx 的邮箱中即可。

（2）配置 Sendmail

邮件服务器的 IP 地址为 192.168.0.3，负责投递的域为 amy.com。该局域网内部的 DNS 服务器为 192.168.0.1，该 DNS 服务器负责 amy.com 域的域名解析工作。

sendmail.cf 文件是 Sendmail 每次启动时要读取的配置文件，包含 Sendmail 启动时必需的信息，列出了所有重要文件的位置，指定了这些文件的默认权限，包含一些影响 Sendmail 行为的选项。图 11-3 所示为 sendmail.cf 文件的内容，较为复杂，所以一般不修改这个文件，而是通过修改 sendmail.mc 文件，用 m4 工具来生成 cf 文件。

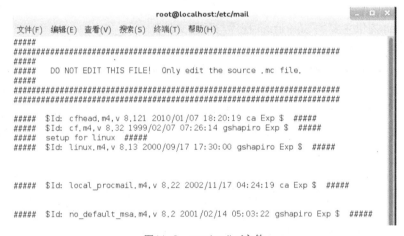

图11-3　sendmail.cf文件

用 vi 编辑器打开 sendmail.mc 文件，根据题目要求进行修改。找到如下内容：

DAEMON_OPTIONS(`Port=smtp,Addr=127.0.0.1, Name=MTA')dnl

邮件服务器的需求是让其他 client 使用我们的服务器，我们要把 127.0.0.1 改成 0.0.0.0，如下所示：

DAEMON_OPTIONS(`Port=smtp,Addr=0.0.0.0, Name=MTA')dnl

为了保证邮件服务器的稳定，找到如下内容：

LOCAL_DOMAIN(`localhost.localdomain')dnl

修改成自己的域名：

LOCAL_DOMAIN(`amy.com')dnl

对 sendmail.mc 文件修改完毕后，保存并退出。

通过 vi 编辑器打开 local-host-names 文件（见图 11-4），在这个文件中加入你的 IP 地址能解析出来的所有域名：

```
# local-host-names - include all aliases for your machine here.
amy.com
```

图11-4 local-host-names文件

检查主机名字，邮件服务器的主机名字必须要符合 FQDN（Fully Qualified Domain Name，完全合格域名/全称域名）形式，如下所示：

```
[root@localhost mail]# hostname mail.amy.com
[root@localhost mail]# hostname
mail.amy.com
```

在/etc/hosts 文件中加入 ip 地址与邮件服务器的映射关系，如下所示。

```
192.168.0.3 mail.amy.com
```

检查 DNS 设置/etc/resolv.conf 是否存有 DNS 服务器的记录，如下所示。

```
nameserver 192.168.0.1
```

最后检查 DNS 服务器 192.168.0.1 是否有 MX 记录指向邮件服务器，如图 11-5 和图 11-6 所示，分别查看 DNS 服务器的正向解析文件及反向解析文件。

```
$TTL 3H
@       IN SOA  amy.com. root.amy.com. (
                                0       ; serial
                                1D      ; refresh
                                1H      ; retry
                                1W      ; expire
                                3H )    ; minimum
        NS      dns.amy.com.
dns     A       192.168.0.1
        MX 5    mail.amy.com.
mail    A       192.168.0.3
        AAAA    ::1
```

图11-5 DNS服务器的正向解析文件

```
i$TTL 1D
@       IN SOA  amy.com. root.amy.com. (
                                0       ; serial
                                1D      ; refresh
                                1H      ; retry
                                1W      ; expire
                                3H )    ; minimum
        NS      dns.amy.com.
1       PTR     dns.amy.com.
3       PTR     mail.amy.com.
        AAAA    ::1
```

图11-6 DNS服务器的反向解析文件

使用 M4 工具，生成主配置文件 sendmail.cf，如下所示：

```
[root@localhost mail]# m4 sendmail.mc > sendmail.cf
```

生成以后，重新启动 sendmail 服务器：

```
[root@localhost mail]# systemctl restart sendmail.service
```

查看邮件服务器占用端口 25 是否已经开始监听：

```
[root@localhost mail]# lsof -i:25
COMMAND    PID USER   FD   TYPE DEVICE SIZE/OFF NODE NAME
sendmail  6850 root    4u  IPv4  41562      0t0  TCP localhost:smtp (LISTEN)
```

（3）测试 sendmail

切换到 user1 用户，使用 mail 工具发送邮件给 user：

```
[user1@mail ~]$ mail user@amy.com
Subject: test
hello
EOT
```

subject 是主题；回车后是内容，内容输入完成使用 ctrl+d 结束；cc 是抄送，这里没有抄送，则直接回车。

然后我们切换到 user 用户检查是否收到邮件，这里使用 mail 命令来接收邮件。这里需要注意的是，通过 su 命令切换用户时，格式为 su- 用户名，"-"代表携带环境变量，如果没有"-"表示只是切换用户，但是环境变量还是之前用户的。

```
[user1@mail ~]$ su - user
密码：
上一次登录：日 11月 13 18:36:46 CST 2016pts/0 上
[user@mail ~]$ mail
Heirloom Mail version 12.5 7/5/10.  Type ? for help.
"/var/spool/mail/user": 3 messages 3 new
>N  1 user1@mail.amy.com    Sun Nov 13 19:39   20/703   "hello"
 N  2 user1@mail.amy.com    Sun Nov 13 19:39   20/718   "hello"
 N  3 user1@mail.amy.com    Sun Nov 13 19:41   20/682   "test"
```

如上所示，已经收到了邮件。

N 后面是编号，输入编号就可以查看对应序号的邮件，如下所示：

```
[user@mail ~]$ mail
Heirloom Mail version 12.5 7/5/10.  Type ? for help.
"/var/spool/mail/user": 3 messages 3 new
>N  1 user1@mail.amy.com    Sun Nov 13 19:39   20/703   "hello"
 N  2 user1@mail.amy.com    Sun Nov 13 19:39   20/718   "hello"
 N  3 user1@mail.amy.com    Sun Nov 13 19:41   20/682   "test"
& 3
Message  3:
From user1@mail.amy.com  Sun Nov 13 19:41:45 2016
Return-Path: <user1@mail.amy.com>
From: user1@mail.amy.com
Date: Sun, 13 Nov 2016 19:41:45 +0800
To: user@amy.com
Subject: test
User-Agent: Heirloom mailx 12.5 7/5/10
Content-Type: text/plain; charset=us-ascii
Status: R

hello
```

查看日志始终都是配置服务器的最好帮手，学会查看日志能节省许多时间。邮件服务器的日志保存在/var/log 目录中，可使用如下命令查看所有邮件服务的日志文件：

```
[root@mail log]# ls -la /var/log/mail*
-rw-------. 1 root root 36863 11月 13 19:41 /var/log/maillog
-rw-------. 1 root root  3463 11月 12 19:53 /var/log/maillog-20161113

/var/log/mail:
总用量 8
drwxr-xr-x   2 root root   23 11月 13 16:57 .
drwxr-xr-x. 19 root root 4096 11月 13 16:57 ..
-rw-------   1 root root 1448 11月 13 19:41 statistics
```

文件 maillog 为系统现在正在使用的服务日志，而 maillog.1 等后缀为数字的文件中存放的是旧的日志，系统一般会自动管理日志，不用管理员手动删除整理。查看 maillog 文件全部日志信息，可使用 cat /var/log/maillog 命令。

### 11.1.5 流行 E-mail 服务器软件简介

在 Linux 操作系统中，邮件服务器软件的种类较多，其中用得较为广泛的有 Sendmail、Postfix

和 Qmail。

### 1. Sendmail

从使用的广泛程度和代码的复杂程度来比较，Sendmail 是一种很优秀的邮件服务器软件，几乎所有的 Linux 服务器都采用这个软件作为邮件服务软件。这个软件的配置很简单，有很多进程都是以 root 用户的身份运行的，所以一旦邮件服务发生了安全问题，也就意味着 Linux 操作系统也存在安全问题，因此利用 Sendmail 软件配置高安全度的邮件服务器还需要进行一些复杂的设置。

### 2. Postfix

Postfix 是一个由 IBM 公司资助、由 Wietse Venema 负责开发的自由软件，它的目的是为用户提供除 Sendmail 之外的邮件服务器软件的选择，Postfix 在快速、易于管理和提供尽可能的安全性方面都进行了较为全面的考虑。Postfix 采用互动操作的进程体系结构，每个进程完成特定的任务，没有任何特定的进程衍生关系，使整个系统进程得到很好的保护，同时 Postfix 也可以和 Sendmail 邮件服务器软件保持兼容性，这样更能满足用户的使用习惯。

### 3. Qmail

Qmail 是由 Dan Bemstein 开发的可自由下载的电子邮件服务器软件，Qmail 将邮件系统划分为多个模块，它是可完全替代 Sendmail-binmail 体系的新一代 UNIX 邮件系统。Qmail 与 Sendmail 比起来有很多优良特性，主要包括以下四点。

（1）安全。Qmail 将 E-mail 处理过程分为多个过程，尽量避免用 root 用户运行，同时 Qmail 禁止对特权用户（如 root、deamon 等）直接发信。

（2）可靠。Qmail 的直接投递保证 E-mail 在投递过程中不会丢失，Qmail 同时支持新的更可靠的信箱格式 Maildir，从而保证了系统在突然崩溃的情况下不至破坏整个邮件系统。

（3）高效。该邮件系统若运行于奔腾的 BSD/OS 上，则 Qmail 每天可以轻松地投递 200000 封信件。

（4）简单。Qmail 要比其他的 Internet Mail 软件体积小，Qmail 通过统一的机制完成 forwarding（转发）、alias 和 maillist 等功能，它使用简单高效的队列来处理投递。Qmail-smtpd 可以由 inetd 启动，节省了一定资源。

## 11.2 配置 Dovecot 服务器

### 11.2.1 POP 及 IMAP

POP3 是 Post Office Protocol 3 的简称，即邮局协议的第 3 个版本,它是规定怎样将个人计算机连接到 Internet 的邮件服务器和下载电子邮件的电子协议。它是因特网电子邮件的第一个离线协议标准，POP3 允许用户从服务器上把邮件存储到本地主机（即自己的计算机）上,同时删除保存在邮件服务器上的邮件，而 POP3 服务器是遵循 POP3 协议的接收邮件服务器，是用来接收电子邮件的。

IMAP 的全称是 Internet Mail Access Protocol，即交互式邮件存取协议，它是跟 POP3 类似的邮件访问标准协议之一。不同的是，开启了 IMAP 后，用户在电子邮件客户端收取的邮件仍然保留在服务器上，同时在客户端上的操作都会反馈到服务器上，如删除邮件、标记已读等，服务器上的邮件也会做相应的动作。所以无论从浏览器登录邮箱或者客户端软件登录邮箱，看到的邮件以及状态都是一致的。

### 11.2.2 配置 Dovecot 服务器

Sendmail 邮件服务只是一个 MTA（邮件传输代理），它只提供 SMTP 服务，也就是只提供邮件的转发及本地分发功能，如果要实现异地接收邮件，就必须要有 POP 或 IMAP 的支持。一般情况下，SMTP 服务和 POP、IMAP 服务在同一台服务器上，那么这台服务器也被称为电子邮件服务器，在本节上中，使用 dovecot 软件包可同时提供 POP 和 IMAP 服务。

安装 dovecot 时用 yum 和 rpm 都可以，这里采用 yum 安装：

```
[root@mail ~]# yum install dovecot*
```

使用之前进行简单的配置。

（1）Vi 编辑器打开/etc/dovecot/dovecot.conf 文件，找到如下所示记录：

```
#protocols = imap pop3 lmtp           \\去掉前面的注释
```

添加如下记录：

```
listen=*
```

（2）vi 编辑器打开认证模块配置文件/etc/dovecot/conf.d/10-auth.conf，找到记录 disable_plaintext_auth，修改如下：

```
disable_plaintext_auth = no
```

找到记录 auth_mechanisms，修改如下：

```
auth_mechanisms = plain login
```

（3）vi 编辑器打开/etc/dovecot/conf.d/10-mail.conf 文件，找到如下记录：

```
#mail_location = mbox:~/mail:INBOX=/var/mail/%u           \\去掉前面的注释
```

（4）Dovecot 默认会开启 POP3 的 SSL 安全连接认证（端口 995），需要关闭 ssl。Vi 编辑器打开/etc/dovecot/conf.d/10-ssl.conf 文件，找到如下记录：

```
ssl = required
```

将 required 改为 no。

（5）新增用户 ts1 到 mail 组，并给用户 ts1 设置密码。

```
#useradd-g mail ts1
#passwd ts1
```

（6）启动 dovecot：

```
[root@mail ~]# systemctl start dovecot.service
```

dovecot 支持两个协议，一个是 pop3，一个是 imap。

POP3：Post Office Protocol 3/邮局协议第三版。

POP3 适用于不能时时在线的邮件用户。支持客户在服务器上租用信箱，然后利用 POP3 向服务器请求下载，基于 TCP/IP 与客户端/服务端模型，POP3 的认证与邮件传送都采用明文，使用 110 端口。

IMAP：Internet Message Access Protocol/英特网信息存取协议。

另一种从邮件服务器上获取邮件的协议，与 POP3 相比，支持在下载邮件前先行下载邮件头以预览邮件的主题来源，基于 TCP/IP，使用 143 端口。

## 11.3 电子邮件客户端的配置与访问

电子邮件客户端软件有很多，且各具特色，但是无论在 Linux 操作系统中还是在 Windows 操作系统中，邮件客户端的设置方式都基本相同，本节将对 Windows 操作系统中的 Outlook Express 软件的配置方法进行介绍。

利用 Outlook Express 接收邮件的配置步骤如下：

在 Windows 操作系统中，打开"Outlook 2010"，菜单"文件"—"信息"—"添加账户"，进入图 11-7 所示的"Outlook Express"工作窗口，进行电子邮件账户的添加，选择"手动配置服务器设置或其他服务器类型"。

图11-7 添加新账户

配置电子邮件账户的基本信息，例如您的姓名、电子邮件地址、登录用户名（这里放置的是 mail 组里的用户）、密码等，如图 11-8 所示。

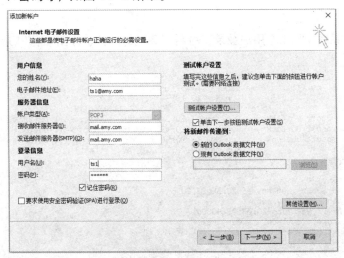

图11-8 配置电子邮件账户基本信息

单击"测试账户设置"按钮,发送测试邮件,以检测是否可以正常使用,如图11-9所示。

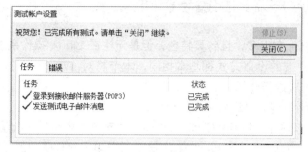

图11-9 测试电子邮件账户

单击"关闭"按钮,即完成配置,如图11-10所示。

图11-10 完成配置

在 Linux 操作系统中以 ts1 用户登录,可看到测试的邮件,如图 11-11 所示。

```
[ts1@mail ~]$ mail
Heirloom Mail version 12.5 7/5/10.  Type ? for help.
"/var/spool/mail/ts1": 7 messages 3 new 7 unread
 U  1 root              Sun Nov 13 19:39   23/788  "sdfjkl"
 U  2 root              Sun Nov 13 19:39   22/769  "sdjfkl"
 U  3 Microsoft Outlook Sun Nov 13 20:34   19/708  "Microsoft Outlook 测试消息"
 U  4 Microsoft Outlook Sun Nov 13 20:42   19/708  "Microsoft Outlook 测试消息"
>N  5 Microsoft Outlook Sun Nov 13 20:53   17/639  "Microsoft Outlook 测试消息"
 N  6 root              Sun Nov 13 20:59   20/681  "test"
 N  7 root              Sun Nov 13 21:00   19/750
& 5
Message  5:
From ts1@amy.com  Sun Nov 13 20:53:23 2016
Return-Path: <ts1@amy.com>
Date: Sun, 13 Nov 2016 20:53:23 +0800
From: Microsoft Outlook <ts1@amy.com>
To: haha <ts1@amy.com>
Subject: Microsoft Outlook 测试消息
```

图11-11 查看邮件

在 Windows 系统中使用 Outlook 给 root 账户发送测试邮件，选择"开始"—"新建邮件"，进入图 11-12 所示界面，进行邮件设置。邮件书写完毕，单击"发送"按钮。

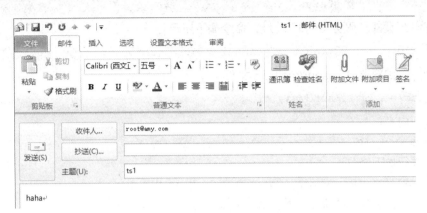

图11-12　发送测试邮件

在 Linux 系统中，root 用户登录邮箱，查看 ts1 用户发送过来的第 9 封邮件，如图 11-13 所示。

```
[root@mail ~]# mail
Heirloom Mail version 12.5 7/5/10.  Type ? for help.
"/var/spool/mail/root": 9 messages 8 new
    1 user@localhost.local  Tue Nov  8 10:27  1705/123368 "[abrt] full crash report"
>N  2 user1@mail.amy.com    Sun Nov 13 19:39  20/682     "123"
 N  3 user1@mail.amy.com    Sun Nov 13 19:39  20/684     "sdfkl"
 N  4 Mail Delivery Subsys  Sun Nov 13 19:39  68/2248    "Returned mail: see transcript f"
 N  5 user1@mail.amy.com    Sun Nov 13 19:39  20/698     "123456"
 N  6 Mail Delivery Subsys  Sun Nov 13 19:39  68/2252    "Returned mail: see transcript f"
 N  7 Microsoft Outlook     Sun Nov 13 20:33  17/644     "Microsoft Outlook 测试消息"
 N  8 Microsoft Outlook     Sun Nov 13 20:33  17/644     "Microsoft Outlook 测试消息"
 N  9 haha                  Sun Nov 13 21:05  92/2835    "ts1"
```

图11-13　mail命令查看邮件

## 11.4　项目实训

**1. 实训任务**

根据整个项目案例，需要搭建 E-mail 服务器，具体要求如下。

搭建 E-mail 服务器，构建企业内部员工邮箱，收发电子邮件。该邮件服务器的 IP 地址为 192.168.0.3，负责投递的域为 amy.com。该局域网内部的 DNS 服务器为 192.168.0.1，该 DNS 服务器负责 amy.com 域的域名解析工作。要求通过配置该邮件服务器实现例如 user1 利用邮箱账号 user1@amy.com 给邮箱账号为 user@amy.com 的用户 user 发送邮件。

**2. 实训目的**

通过本节操作，掌握 Red Hat Enterprise Linux 7.0 中 E-mail 服务器的基本配置及管理。

**3. 实训步骤**

STEP 1　按照教材前述内容安装 sendmail 服务器及 dovecot 服务器，并通过如下命令确定其是否在运行状态：

```
#servcie sendmail status
#service dovecot status
```

**STEP 2** 配置邮件服务器的 IP 地址，命令如下所示：

```
#ifconfig eth0 192.168.0.3 netmask 255.255.255.0 up
```

**STEP 3** vi 编辑器打开 sendmail.mc 文件

```
#vi /etc/sendmail/sendmail.cf
```

找到如下内容：

```
DAEMON_OPTIONS('Port=smtp,Addr=127.0.0.1, Name=MTA')dnl
```

并对其进行如下修改：

```
DAEMON_OPTIONS('Port=smtp,Addr=0.0.0.0, Name=MTA')dnl
```

为了保证邮件服务器的稳定，找到如下内容：

```
LOCAL_DOMAIN('localhost.localdomain')dnl
```

将修改成自己的域名：

```
LOCAL_DOMAIN('amy.com')dnl
```

对 sendmail.mc 文件修改完毕后，保存并退出。

**STEP 4** 使用 vi 编辑器打开 local-host-names 文件，在这个文件中加入 IP 地址需要解析出来的域名 amy.com：

```
#vi /etc/mail/local-host-names
```

加入以下内容：

```
amy.com
```

**STEP 5** 通过 hostname 设置邮件服务器的主机名，以使邮件服务器的主机名字必须要规范 FQDN 形式，如下所示：

```
#hostname mail.amy.com
```

**STEP 6** 在/etc/hosts 文件中加入 ip 地址与邮件服务器的映射关系，如下所示：

```
#vi /etc/hosts
```

加入以下内容：

```
192.168.0.3 mail.amy.com
```

**STEP 7** 设置邮件服务器的 DNS 服务器地址为 192.168.0.1，使其可以正确解析邮件服务器域名与 IP 地址之间的关系：

```
#vi /etc/resolv.conf
```

加入以下内容：

```
nameserver 192.168.0.1
```

**STEP 8** 通过 DNS 服务器的配置文件/etc/named.conf 确定正向区域文件和反向区域文件的存放位置，并在正向区域文件及反向区域文件中加入 MX 记录指向邮件服务器，如图 11-14 和图 11-15 所示。

```
$TTL 3H
@       IN SOA  amy.com. root.amy.com. (
                                0       ; serial
                                1D      ; refresh
                                1H      ; retry
                                1W      ; expire
                                3H )    ; minimum
                NS      dns.amy.com.
        dns     A       192.168.0.1
                MX 5    mail.amy.com.
        mail    A       192.168.0.3
                AAAA    ::1
```

图11-14  DNS服务器的正向解析文件

```
i$TTL 1D
@       IN SOA  amy.com. root.amy.com. (
                                0       ; serial
                                1D      ; refresh
                                1H      ; retry
                                1W      ; expire
                                3H )    ; minimum
                NS      dns.amy.com.
1               PTR     dns.amy.com.
3               PTR     mail.amy.com.
                AAAA    ::1
```

图11-15  DNS服务器的反向解析文件

**STEP 9** 使用 M4 工具，生成主配置文件 sendmail.cf，如下所示：

`[root@localhost mail]# m4 sendmail.mc > sendmail.cf`

**STEP 10** 重启 sendmail 服务器，以使配置文件生效：

`[root@localhost mail]# systemctl restart sendmail.service`

**STEP 11** 查看邮件服务器占用端口 25 是否已经开始监听：

```
[root@mail mail]# lsof -i:25
COMMAND   PID USER   FD   TYPE DEVICE SIZE/OFF NODE NAME
sendmail 9054 root    4u  IPv4  55841      0t0  TCP *:smtp (LISTEN)
```

**STEP 12** 在 IP 地址为 192.168.0.5 的用户先设置自己的 DNS 服务器地址为 192.168.0.1，用户 user 给 IP 地址为 192.168.0.1 的用户 user1 发送邮件，如下所示：

```
[user@mail ~]$ mail user1@mail.amy.com
Subject: hello too
123456
EOT
```

**STEP 13** IP 地址为 192.168.0.1 的用户通过 mail 查看收到的 user1 用户发来的邮件：

```
[user1@mail ~]$ mail
Heirloom Mail version 12.5 7/5/10.  Type ? for help.
"/var/spool/mail/user1": 12 messages 3 new 9 unread
     1 root                   Sun Nov 13 19:39  21/696   "sdf"
     2 root                   Sun Nov 13 19:39  21/699   "sdfjkl"
 U   3 root                   Sun Nov 13 19:39  21/701   "123"
 U   4 root                   Sun Nov 13 19:39  20/710   "weuriop"
 U   5 root                   Sun Nov 13 19:39  21/715   "sdfkl"
 U   6 root                   Sun Nov 13 19:39  21/715   "lllld"
 U   7 root                   Sun Nov 13 19:39  21/701   "sdfhkl"
     8 root                   Sun Nov 13 19:39  21/715   "123"
 U   9 root                   Sun Nov 13 20:32  21/699   "1030"
>N  10 Microsoft Outlook      Sun Nov 13 20:32  17/649   "Microsoft Outlook 测试消息"
 N  11 Microsoft Outlook      Sun Nov 13 20:42  17/649   "Microsoft Outlook 测试消息"
 N  12 user@mail.amy.com      Sun Nov 13 21:22  20/702   "hello too"
```

图11-16  邮件查看

# Chapter 12

项目十二

VPN 服务器

## 项目十二　VPN 服务器

### ■ 项目任务

当出差在外地的用户或者长沙分公司与上海分公司的工作人员要通过互联网访问企业局域网内部资源，为了保证数据在互联网中的安全性，需要在互联网与企业内部之间建立一个安全虚拟专用网络（VPN）通道。建立虚拟专用网络通道可通过 VPN 服务器实现，常见的方法有远程接入 VPN 和局域网之间 VPN。

远程接入 VPN：外地用户通过 ISP 连上互联网后，通过互联网与总公司的 VPN 服务器（IP：192.168.0.252）建立 VPN 连接，进行安全通信。网络拓扑图如图 12-1 所示。

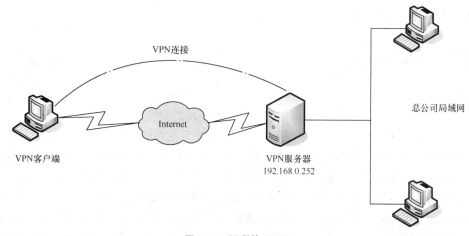

图12-1　远程接入VPN

局域网间 VPN:长沙分公司局域网和上海分公司局域网均连接到互联网，两分公司局域网间要经由 Internet 进行安全通信，可以在两公司中分别建立自己的 VPN 服务器（上海 VPN 服务器的 IP:192.168.10.252,长沙的 VPN 服务器 IP：192.168.20.252），对数据进行加密后在 Internet 上进行通信。网络拓扑图如图 12-2 所示。

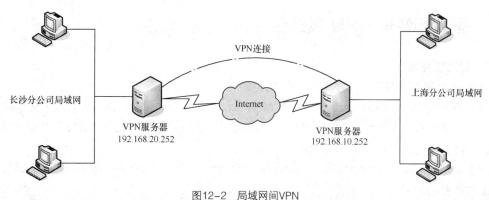

图12-2　局域网间VPN

### ■ 任务分解

配置远程接入 VPN 服务器，VPN 客户端通过 Internet 网络与 VPN 服务器连接后，可访问局域网内部的服务器。VPN 服务器有 eth0 和 eth1 两个网络接口。其中 eth0 用于连接内网，IP 地址为 192.168.0.252；eth1 用于连接外网，IP 地址为 222.222.222.20。VPN 客户端通过 Internet

网络与 VPN 服务器连接后，可访问局域网内部的服务器。

建立 VPN 连接后，分配给 VPN 服务器的 IP 地址为 192.168.2.100，分配给 VPN 客户端的 IP 地址池为 192.168.1.10 ~ 192.168.1.200。客户端可以用户名 amy、密码 123456 和 VPN 服务器建立连接，建立连接后获得的 IP 地址为 192.168.1.150。

■ **教学目标**

- 掌握 VPN 服务器工作原理。
- 熟悉 VPN 服务相关协议。
- 掌握配置 VPN 服务器。

## 12.1 VPN 协议

虚拟专用网络（Virtual Private Network，VPN）利用因特网或其他公共互联网络的基础设施为用户创建一条专用的虚拟通道，并提供与专用网络一样的安全和功能保障。

VPN 在互联网中建立了一条专用的隧道，实现数据的专用传输，保证数据的安全性。隧道是由隧道协议形成的，VPN 使用的隧道协议主要有三种：点到点隧道协议（PPTP）、第二层隧道协议（L2TP）以及第三层隧道协议（IPSec）。PPTP 封装了 PPP 数据包中包含的用户信息，支持隧道交换。隧道交换可以根据用户权限，开启并分配新的隧道，将 PPP 数据包在网络中传输。L2TP（Layer Two Tunneling Protocol）是基于 RFC 的隧道协议，该协议依赖于加密服务的 Internet 安全性（IPSec）。它允许客户通过其间的网络建立隧道，L2TP 还支持信道认证，但它没有规定信道保护的方法。IPSec 是由 IETF（Internet Engineering Task Force）定义的一套在网络层提供 IP 安全性的协议。主要用于确保网络层之间的安全通信。它使用 IPSec 协议集保护 IP 网和非 IP 网上的 L2TP 业务。在 IPSec 协议中，一旦 IPSec 通道建立，在通信双方网络层之上的所有协议（如 TCP、UDP、SNMP、HTTP、POP 等）就要经过加密，而不管这些通道构建时所采用的安全和加密方法如何。

## 12.2 配置和管理 VPN 服务器

**1. 安装软件包**

配置 VPN 服务器需要安装的软件包，常见的有 4 个。

（1）dkms-2.0.10-1.noarch.rpm：DKMS（Dynamic Kernel Module Support）是 Dell 公司开发的一个动态模组支持包。旨在创建一个内核相关模块源可驻留的框架，以便在升级内核时可以很容易地重建模块。

（2）kernel_ppp_mppe-1.0.2-3dkms.noarch.rpm：使得 Windows 与 Linux 能够进行通信需安装的软件包。

（3）ppp-2.4.3-5.rhel4.i386.rpm：升级 PPP 到 2.4.3 版本，使其支持 MPPE 加密，默认系统已经安装完成。

（4）pptpd-1.3.3-1.rhel4.i386.rpm：PPTP 点对点隧道协议的 RPM 安装包。

其中（1）、（2）和（4）需要通过网上下载后进行安装。说明 kernel_ppp_mppe 在安装过程中依赖于 GCC 包，要先安装 GCC 包后才能安装该包。命令如下所示：

```
[root@linux5 ~]# rpm -ivh /tmp/VMwareDnD/e58c2b0f/dkms-2.0.17.5-1.
noarch.rpm
[root@linux5 ~]# rpm -ivh /tmp/VMwareDnD/e5052a94/kernel_
ppp_mppe-1.0.2-3dkms.noarch.rpm
[root@linux5 ~]# rpm -ivh /tmp/VMwareDnD/e7842d1f/pptpd-1.4.0-1.
rhel5.i386.rpm
```

### 2. 配置 VPN 服务器网卡

设置网卡 eth0 的 IP 地址为 192.168.0.252，如图 12-3 所示；添加网卡 eth1，设置 IP 地址为 222.222.222.20，如图 12-4 所示。

图12-3　设置eth0的IP地址

图12-4　设置eth1的IP地址

### 3. 编辑 VPN 服务的主配置文件/etc/pptpd.conf

VPN 服务器的主配置文件是/etc/pptpd.conf，在该文件中需要设置 VPN 服务器的本地地址和分配给客户端的地址段。文件中的 localip 用于设置在建立 VPN 连接后，VPN 服务器本地的地址。在 VPN 客户端拨号后，VPN 服务器会自动建立一个 ppp0 网络接口供客户使用，这里定义的是 ppp0 的 IP 地址。

remoteip:用于设置在建立 VPN 连接后，VPN 服务器分配给 VPN 客户端的可用地址段，当 VPN 客户端拨号到 VPN 服务器后，服务器会从这个地址段中分配一个 IP 地址给 VPN 客户端，以便 VPN 客户端能访问内部网络。可以使用 "-" 符号表示连续的地址，使用 "," 符号隔开不连续的地址。

编辑文件中第 102 和 103 行，将注释符#号去掉，修改为如下内容：

```
[root@linux5 ~]# vi /etc/pptpd.conf
localip 192.168.2.100
remoteip 192.168.1.10-200
```

### 4. 编辑/etc/ppp/chap-secrets 文件

/etc/ppp/chap-secrets 是 VPN 用户账号文件，该账号文件保存 VPN 客户端拨入时所需要的验证信息。打开该文件添加远程登录用户名为 amy，服务名为 pptpd，登录密码为 123456，远程用户登录时，获取的 IP 地址为 192.168.1.150。命令如下所示：

```
[root@linux5 ~]# vi /etc/ppp/chap-secrets
"amy"    pptpd    "123456"    "192.168.1.150"
```

### 5. 启用 Linux 的路由转发功能

例如：

```
[root@linux5 ~]# echo "1">/proc/sys/net/ipv4/ip_forward
```

### 6. 设置 VPN 服务可以穿透 Linux 防火墙

例如：

```
[root@linux5 ~]# iptables -A INPUT -p tcp --dport 1723 -j ACCEPT
[root@linux5 ~]# iptables -A INPUT -p gre
```

### 7. 开启 VPN 服务

例如：

```
[root@localhost 桌面]# systemctl start pptpd.service
```

### 8. Windows 系列远程客户主机连接 VPN 服务器

在"网上邻居"中新建一个连接，如图 12-5 所示。下一步在网络连接类型中选择"连接到我的工作场所的网络"，如图 12-6 所示。

图12-5 新建连接

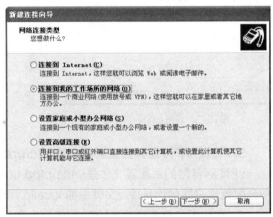

图12-6 选择网络连接类型

下一步，选择网络连接为"虚拟专用网络连接（V）"如图 12-7 所示。选择下一步，任意输入一个连接名字 amy，单击下一步，在 VPN 服务器选择中输入 VPN 服务器连接互联网的 IP 地址 222.222.222.20，如图 12-8 所示。在下一步中单击"完成"按钮，弹出 amy 连接窗口，输入用户名 amy 和密码 123456，选择"连接"，如图 12-9 所示。

如图 12-10 所示，amy 显示已连接上，然后在 dos 命令窗口中输入 ipconfig 命令，观察 ppp 对应的 IP 地址为 192.168.1.150，如图 12-11 所示。

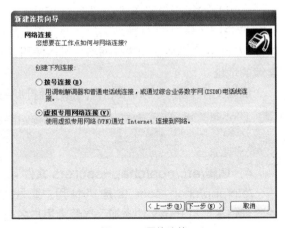

图12-7 网络连接

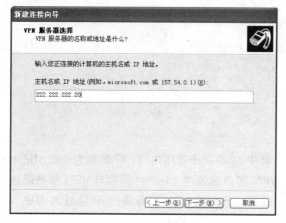

图12-8　VPN服务器选择

图12-9　用户远程登录

图12-10　amy用户已连接

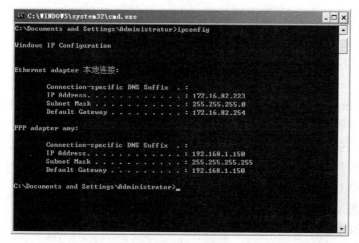

图12-11　远程客户端主机获取的IP地址

## 12.3 项目实训

**一、实训目的**
- 掌握 Linux 中 VPN 服务器的安装和配置。
- 掌握 Linux 中 VPN 客户端的配置。

**二、项目背景**

VPN 服务器有 eth0 和 eth1 两个网络接口。其中 eth0 用于连接内网，IP 地址为 192.168.1.2；eth1 用于连接外网，IP 地址为 172.16.82.60。VPN 客户端通过 Internet 网络与 VPN 服务器连接后，可访问局域网内部的服务器。建立 VPN 连接后，分配给 VPN 服务器的 IP 地址为 192.168.3.100，分配给 VPN 客户端的 IP 地址池为 192.168.1.200～192.168.1.220，192.168.1.230～192.168.1.240。客户端可以以用户名 king、密码 123456 和 VPN 服务器建立连接，建立连接后获得的 IP 地址为 192.168.1.221。拓扑图如图 12-12 所示。

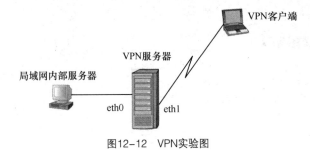

图 12-12 VPN 实验图

**三、实训内容**

Linux 系统中 VPN 服务器与 VPN 客户端的配置。

**四、实训步骤**

任务 VPN 服务器的配置

检测系统是否安装了 VPN 服务器对应的软件包，如果没有安装则进行安装（或者应用 rpm 安装软件包）。

（1）安装软件包

pptpd-1.3.4-2.rhel5.i386.rpm

dkms-2.0.17.5-1.noarch.rpm

kernel_ppp_mppe-1.0.2-3dkms.noarch.rpm

注意：安装 kernel_ppp_mppe-1.0.2-3dkms.noarch.rpm 这个软件包时，需要安装 gcc。安装以上几个软件包的时候如果用命令安装不了，则可以到图形化界面强行安装。

（2）VPN 服务器的配置

**STEP 1** VPN 服务器需要配置 2 个以上的网络接口。

**STEP 2** 启动 Linux 路由转发功能。

**STEP 3** 设置 VPN 可以穿透防火墙。

**STEP 4** 修改相应的配置文件。

**STEP 5** 配置账号文件密码 123456。

**STEP 6** 添加 king 用户密码 123456。

**STEP 7** 重启 pptpd 服务。

（3）Windows 客户端主机测试

**STEP 1** 在网上邻居新建一个连接，在网络连接中选择"虚拟专用网络连接"，在 VPN 服务器选择中输入 VPN 服务器的 IP 地址，然后根据提示完成操作；

**STEP 2** 在连接中输入 VPN 服务器端设置的用户名和密码，登录连接 VPN 服务器；

**STEP 3** 客户端主机使用 ping 命令观察数据包，检测与 VPN 服务器是否连通。

# Chapter 13

项目十三
集群技术

# 项目十三 集群技术

## ■ 项目任务

当总公司服务器区的主服务器发生故障时,备份服务器自动接受主服务器的工作,承担主服务器的工作任务。假设当总公司的 Web 服务器、E-mail 服务器、DNS 服务器等发生故障时,应用虚拟的集群服务器(IP 地址:192.168.0.6)来承担相应服务器的工作任务,这种情况的网络拓扑图如图 13-1 所示。

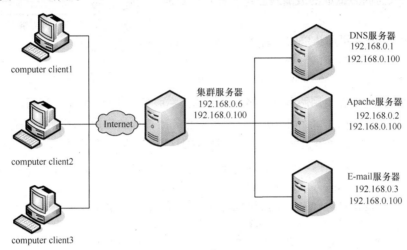

图13-1 集群服务器

## ■ 任务分解

配置 LVS 高可用集群,轮叫 Web 服务器,提高客户端主机访问 Web 页面的速度。

## ■ 教学目标

- 掌握集群服务器的功能及常用的集群。
- 掌握常用软件构建集群服务器。

## 13.1 集群技术概述

集群是一组协同工作的服务集合,用来提供比单一服务更稳定、更高效、更具扩展性的服务平台,集群一般由两个或两个以上的服务器组建而成,每个服务器被称为一个集群节点,集群节点之间可以相互通信,具有节点间服务状态监控功能,同时还具有服务实体的扩展功能,可以灵活地增加和剔除某个服务实体。

在集群中,同样的服务可以由多个服务实体提供。集群具有故障自动转移功能,当一个节点出现故障时,集群的另一个节点可以自动接管故障节点的资源,保证服务持久、不间断地运行。

### 13.1.1 集群分类

**1. 高可用集群**

高可用集群(High Availability Cluster,HA Cluster),当应用程序出现故障,或者系

统硬件、网络出现故障时，应用可以自动、快速地从一个节点切换到另一个节点，从而保证应用持续、不间断地对外提供服务。如双机热备、双机互备、多机互备等都属于高可用集群，这类集群一般都由两个或两个以上的节点组成。典型的双机热备结构如图 13-2 所示。

高可用集群不能保证应用程序数据的安全性，它仅仅解决的是对外提供持久不间断的服务，把由于软件、硬件、网络、人为因素造成的故障对应用的影响降到最低程度。

Linux 中常用的高可用集群软件有 heartbea HA、RHCS、ROSE、keepalived 等。

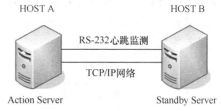

图13-2 双机热备结构

双机热备是最简单的应用模式，即经常说的 active/standby 方式。它使用两台服务器，一台作为主服务器（action），运行应用程序对外提供服务；另一台作为备机（standby），安装和主服务器一样的应用程序，但是并不启动服务，而是处于待机状态。主机和备机之间通过心跳技术相互监控，监控的资源可以是网络、操作系统，也可以是服务，用户可以根据自己的需要，选择需要监控的资源。当备机监控到主机的某个资源出现故障时，根据预先设定好的策略，首先将 IP 切换过来，然后将应用程序服务也接管过来，接着就由备机对外提供服务。由于切换过程时间非常短，用户根本感觉不到程序出了问题，而且还进行了切换，从而保障了应用程序持久、不间断的服务。

双机互备是指在双机热备的基础上，两个相互独立的应用在两个机器上同时运行，互为主备，即两台服务器既是主机也是备机，当任何一个应用出现故障时，另一台服务器都能在短时间内将故障机器的应用接管过来，从而保障了服务的持续、无间断运行。双机互备的好处是节省了设备资源，两个应用的双机热备至少需要四台服务器，而双机互备仅需两台服务器即可完成高可用集群功能，但是双机互备也有自身的缺点：在某个节点故障切换后，另一个节点上就同时运行了两个应用的服务，有可能出现负载过大的情况。

多机互备是双机热备的技术升级，通过多台机器组成一个集群，可以在多台机器之间设置灵活的接管策略，例如，某个集群环境由 8 台服务器组成，3 台运行 Web 应用，3 台运行 mail 应用，因而，可以将剩余的一台作为 3 台 Web 服务器的备机，另一台作为 3 台 mail 服务器的备机，通过这样的部署，合理充分地利用了服务器资源，同时也保证了系统的高可用性。

### 2. 负载均衡集群

负载均衡集群（Load Balance Cluster，LB Cluster），负载均衡集群由两台或者两台以上的服务器组成，分为前端负载调度和后端节点服务两个部分，前端负载调度部分负责把客户端的请求按照不同的策略分配给后端服务节点，后端节点是真正提供应用程序服务的部分，把一个高负荷的应用分散到多个节点来共同完成，适用于业务繁忙、大负荷访问的应用系统。负载均衡集群的基本架构如图 13-3 所示。

与 HA Cluster 不同的是，在负载均衡集群中，所有的后端节点都处于活动状态，它们都对外提供服务，分摊系统的工作负载。

负载均衡集群的缺点是：当一个节点出现故障时，前端调度系统并不知道此节点已经不能提供服务，仍然会把客户端的请求调度到故障节点上来，这样访问就会失败，为了解决这个问题，负载调度系统一般都引入了节点监控系统。节点监控系统位于前端负载调度机上，负责监控下面的服务节点，当某个节点出现故障后，节点监控系统会自动将故障节点从集群中剔除，当此节点恢复正常后，节点监控系统又会自动将其加入集群中，而这一切，对用户来说是完全透明的。

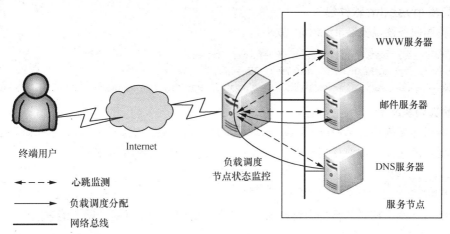

图13-3 负载均衡集群基本架构

负载均衡集群可由软件和硬件来实现，Linux 操作系统中常见的软件有 LVS 集群和 Oracle 的 RAC 集群等，硬件负载均衡器有 F5 Networks 等。

### 13.1.2 集群的特点

集群具有高可用性。在服务出现故障时，集群系统可以自动将服务从故障节点切换到另一个备用节点，从而提供不间断性服务，保证了业务的持续运行。

集群具有可扩展性。随着业务量的加大，现有的集群服务实体不能满足需求时，可以向此集群中动态地加入一个或多个服务节点，从而满足应用的需要，增强集群的整体性能。

集群能负载均衡。可以灵活、有效地分担系统负载，通过集群自身定义的负载分担策略，当客户端一个请求进来时，集群系统判断哪个服务节点比较清闲，就将此请求分发到这个节点。

集群能够恢复错误。当一个任务在一个节点上还没有完成时，由于某种原因，执行失败，此时，另一个服务节点能接着完成此任务，保证了每个任务都能被有效地完成。

集群能够漂移 IP 地址。在集群系统中，除了每个服务节点自身的真实 IP 地址外，还有不固定 IP 地址。如在两个节点的双机热备中，正常状态下，这个漂移 IP 位于主节点上，当主节点出现故障后，漂移 IP 地址自动切换到备用节点。为了保证服务的不间断性，在集群系统中，对外提供的服务 IP 用漂移 IP 地址，虽然节点本身的 IP 也能对外提供服务，但是当此节点失效后，服务切换到了另一个节点，而服务 IP 仍然是故障节点的 IP 地址，此时，服务就会随之中断。

## 13.2 配置 LVS 高可用集群

LVS 服务器集群软件已经在很多大型的、关键性的站点中得到了很好的应用，所以它的可靠性在真实的应用中得到了很好的证实。

在 LVS 中客户端主机可通过轮叫访问 Web 服务器，保证数据读取的速率。轮叫（Round Robin）调度器通过"轮叫"调度算法将外部请求按顺序轮流分配到集群中的真实服务器上，它均等地对待每一台服务器，而不管服务器上实际的连接数和系统负载。

### 1. 安装 ipvsadm 软件包

配置轮叫服务器需安装 ipvsadm 软件包。

```
[root@localhost 桌面]# find / -name ipvsadm*
/mnt/cdrom/Packages/ipvsadm-1.27-4.el7.x86_64.rpm
[root@localhost 桌面]# rpm-ivh /mnt/cdrom/Packages/ipvsadm-1.27-4.el7.x86_64.rpm
```

### 2. 添加两块网卡

一块网卡连接内部的 Web 服务器，一块网卡连接客户端主机。此处可以给 eth0 建立一个虚拟网卡实现功能测试。eth0:0 用于接客户端主机，eth0 用于接内部服务器。

```
[root@myq ~]# ifconfig eth0 192.168.0.6/24
[root@myq ~]# ifconfig eth0:0 192.168.0.100/24
```

编辑配置文件，将第 7 行的内容改为 1，开启路由转发，实现两块网卡能够通信。

```
[root@myq ~]# vi /etc/sysctl.conf
 6 # Controls IP packet forwarding
 7 net.ipv4.ip_forward = 1
```

执行命令 sysctl –p 使设置生效　net.ipv4.ip_forward = 1。

```
[root@myq ~]# sysctl -p
 net.ipv4.ip_forward = 1
 net.ipv4.conf.default.rp_filter = 1
 net.ipv4.conf.default.accept_source_route = 0
 kernel.sysrq = 0
 kernel.core_uses_pid = 1
 net.ipv4.tcp_syncookies = 1
 kernel.msgmnb = 65536
 kernel.msgmax = 65536
 kernel.shmmax = 4294967295
 kernel.shmall = 268435456
```

### 3. 配置轮叫服务器

使用 ipvsadm 命令给 ipvs 服务器添加轮叫规则。

```
清除轮叫规则
[root@myq ~]# ipvsadm -C
声明自己的外网卡 192.168.0.100 做轮叫 rr
[root@myq ~]# ipvsadm -A -t 192.168.0.100:80 -s rr
外网用户访问 192.168.0.100:80 端号的时候轮叫到 192.168.0.1:80 端号
[root@myq ~]# ipvsadm -a -t 192.168.0.100:80 -r 192.168.0.1:80 -m -w 1
外网用户访问 192.168.0.100:80 端号的时候轮叫到 192.168.0.2:80 端号
[root@myq ~]# ipvsadm -a -t 192.168.0.100:80 -r 192.168.0.2:80 -m -w 1
外网用户访问 192.168.0.100:80 端号的时候轮叫到 192.168.0.3:80 端号
[root@myq ~]# ipvsadm -a -t 192.168.0.100:80 -r 192.168.0.3:80 -m -w 1
添加保存规则
[root@myq ~]# /etc/init.d/ipvsadm save
Saving IPVS table to /etc/sysconfig/ipvsadm:               [确定]
启动规则
[root@myq ~]# /etc/init.d/ipvsadm start
```

```
Clearing the current IPVS table:                    [确定]
Applying IPVS configuration:                        [确定]
```

## 4. 测试

客户端主机访问企业内部的 Web 服务器，观察结果。

# Chapter 14

## 项目十四
## Linux 系统安全

## ■ 项目任务

假设某单位租用 DDN 专线上网。网络拓扑如图 14-1 所示。iptables 防火墙的 eth0 接口连接外网，IP 地址为 222.206.160.100；eth1 接口连接内网，IP 地址为 222.206.100.1。假设在内网中存在 Web、DNS 和 E-mail3 台服务器，这 3 台服务器都有公有 IP 地址。其 IP 地址如图所示。设置防火墙规则加强对内网服务器的保护，对系统文件访问权限进行管理，并允许外网的用户可以访问此 3 台服务器。

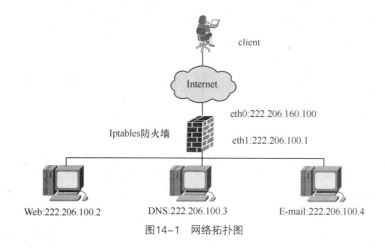

图14-1 网络拓扑图

## ■ 任务分解

- 配置和管理 iptables，允许外网的用户可以访问此 3 台服务器。
- Linux 中网络安全的基本设置：保护口令文件，阻止 ping 防止 ip 欺骗。
- 对文件权限的管理。

## ■ 教学目标

- 掌握 iptables 的工作过程。
- 熟悉配置和管理 iptables 的配置。
- 掌握 Linux 中网络安全的基本设置。
- 熟练掌握文件权限修改的基本命令。

## 14.1 配置和管理 iptables

防火墙是一种非常重要的网络安全工具，利用防火墙可以保护企业内部网络免受外网的威胁，作为网络管理员，掌握防火墙的安装与配置非常重要。Netfilter 中内置有 3 张表：filter 表、nat 表和 mangle 表。其中 filter 表用于实现数据包的过滤、nat 表用于网络地址转换、mangle 表用于包的重构。

### 14.1.1 包过滤型防火墙工作原理

（1）数据包从外网传送给防火墙后，防火墙在 IP 层向 TCP 层传输数据前，将数据包转发给包检查模块进行处理。

（2）首先与第一条过滤规则进行比较。

（3）如果与第一条规则匹配，则进行审核，判断是否允许传输该数据包，如果允许则传输，否则查看该规则是否阻止该数据包通过，如果阻止则将该数据包丢弃。

（4）如果与第一条过滤规则不同，则查看是否还有下一条规则。如果有，则与下一条规则匹配，如果匹配成功，则进行与（3）相同的审核过程。

（5）依此类推，一条一条规则匹配，直到最后一条过滤规则。如果该数据包与所有的过滤规则均不匹配，则采用防火墙的默认访问控制策略（丢掉该数据包，或允许该数据包通过）。

### 14.1.2 iptables 常用的基础命令

配置防火墙格式如下所示：

iptables [-t 表名] -命令[链名] 匹配条件 目标动作

其中目标动作如表 14-1 所示。

表 14-1 iptables 常用操作命令匹配、规则匹配和目标动作选项

| 命令 | 说明 |
| --- | --- |
| -A 或 append<链名> | 在规定列表的最后增加一条规则 |
| -F 或—flush[链名] | 删除指定链和表中的所有规则，如果不指定链，则所有链都被清空 |
| -i 或—in-interface <网络接口> | 指定数据包从哪个网络接口进入，如 eth0、eth1 或 pppo 等 |
| -i 或—out-interface <网络接口> | 指定数据包从哪个网络接口输出，如 eth0、eth1 或 pppo 等 |
| --dport[!]port[:port] | 指定匹配的目标端口范围 |
| -p 或 –protocol[!]<协议类型> | 指定数据包匹配的协议，如 tcp udp 和 icmp 等。！表示除去该协议之外的其他协议 |
| ACCEPT | 接受数据包 |
| DROP | 丢弃数据包 |
| -s 或—source [!]address[/mask] | 指定数据包匹配的源 ip 地址或子网。！表示除去该协议 ip 地址或子网 |
| -P 或—policy <链名> | 定义默认策略 |

注意：iptables 的所有参数和选项都区分大小写

### 14.1.3 配置和管理 iptables

在 Linux 环境中配置 Web 服务器、DNS 服务器和 E-mail 服务器，主要完成包的安装、主配置文件的编辑和服务器的开启。

配置 iptables，操作步骤如图 14-2 至图 14-6 所示。

图14-2　eth0 IP地址

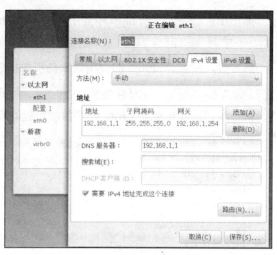

图14-3　eth1 IP地址

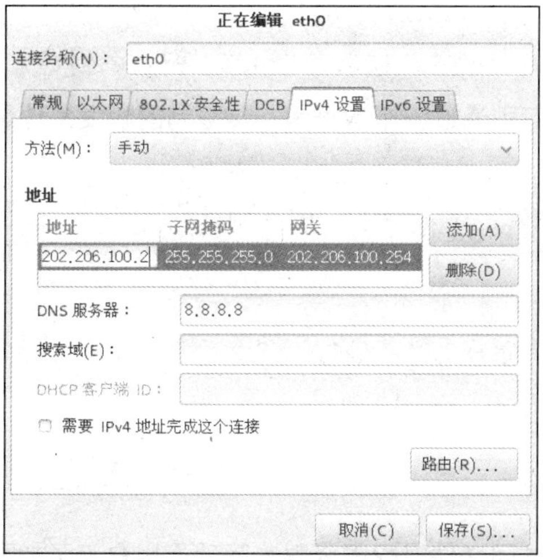

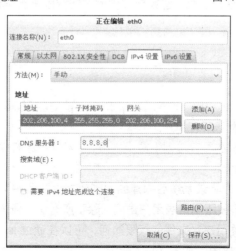

图14-4　Web ip地址

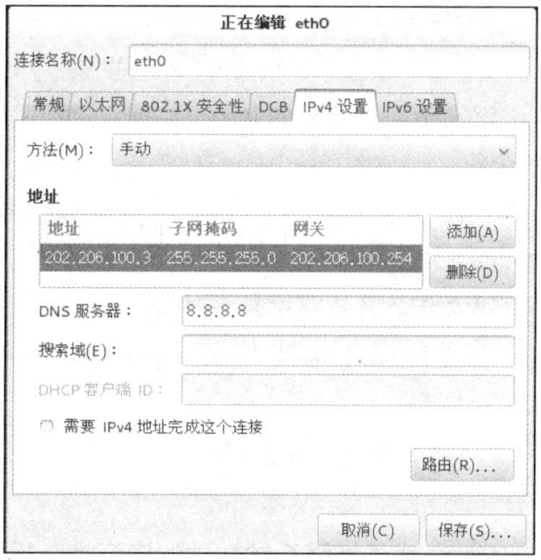

图14-5　DNS ip地址

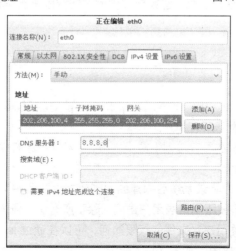

图14-6　e-mail地址

第一步：清除预设表 filter 中的所有规则链的规则。

```
[root@localhost ~]# iptables -F
```

第二步：禁止 iptables 防火墙转发任何数据包。

```
[root@localhost ~]# iptables -P FORWARD DROP
```

第三步：建立来自 Internet 网络数据包过滤规则。

```
[root@localhost ~]# iptables -A FORWARD -d 222.206.100.2 -p tcp --dport 80 -i eth0 -j ACCEPT
[root@localhost ~]# iptables -A FORWARD -d 222.206.100.3 -p tcp --dport 53 -i eth0 -j ACCEPT
[root@localhost ~]# iptables -A FORWARD -d 222.206.100.4 -p tcp --dport 25 -i eth0 -j ACCEPT
[root@localhost ~]# iptables -A FORWARD -d 222.206.100.4 -p tcp --dport 110 -i eth0 -j ACCEPT
```

第四步：接受来自内网数据包的通过。

```
[root@localhost ~]# iptables -A FORWARD -s 222.206.100.0/24 -j ACCEPT
```

第五步：对所有的 icmp 数据包进行限制，允许每秒通过一个数据包。该限制的触发条件是 10 个包。

```
[root@localhost ~]# iptables -A FORWARD -p icmp -m limit --limit 1/s --limit-burst 10 -j ACCEPT
```

第六步：开启路由转发功能。

```
[root@localhost ~]# echo "1">/proc/sys/net/ipv4/ip_forward
```

## 14.2 管理文件权限

Linux 为了增强系统文件的安全性，规定在用户访问文件时权限受限。管理员用户为了加强文件管理，实现文件的安全性，常对一些重要文件的访问权限进行限制，或者事后对一些文件权限进行修改管理。

**1. 权限分类**

文件的权限一般有三种：读（r）、写（w）、执行（x），用数字表示法时，r 对应数字 4，w 对应数字 2，x 对应数字 1。

在文字表示注中 w 表示读权限、r 表示写权限、x 表示执行权限；u 表示所有者，g 表示所属组，o 表示其他用户，a 表示所有用户。

修改权限的时候，–表示在原有基础上减少权限，+表示在原有权限上增加权限，=表示将原有的权限覆盖。

任意一个文件都是由用户登录系统后创建的。创建文件的用户为文件的所有者（u），文件也可以所属组（g），即能够被所属组的用户访问，除了所有者、所属组中的用户对文件的操作，即是其他用户（o）。这三类用户对文件的权限如何，可以在通过 ls –l 命令查看文件的时候，从左侧 9 个字符查看出具体的权限，如图 14-7 所示。

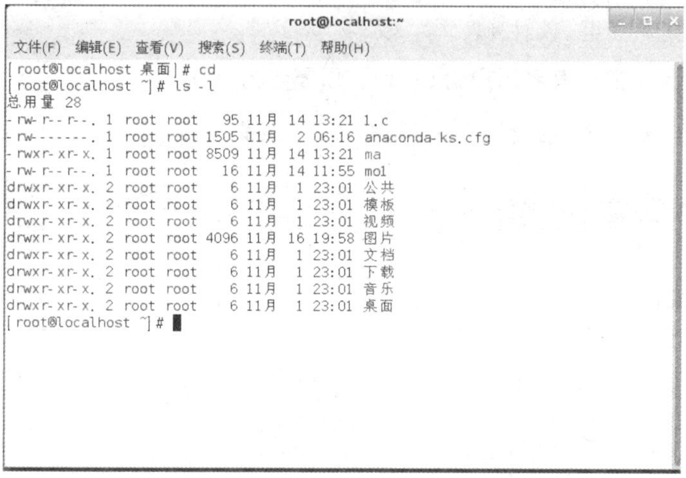

```
root@localhost:~
文件(F) 编辑(E) 查看(V) 搜索(S) 终端(T) 帮助(H)
[root@localhost 桌面]# cd
[root@localhost ~]# ls -l
总用量 28
-rw-r--r--. 1 root root   95 11月 14 13:21 1.c
-rw-------. 1 root root 1505 11月  2 06:16 anaconda-ks.cfg
-rwxr-xr-x. 1 root root 8509 11月 14 13:21 ma
-rw-r--r--. 1 root root   16 11月 14 11:55 mol
drwxr-xr-x. 2 root root    6 11月  1 23:01 公共
drwxr-xr-x. 2 root root    6 11月  1 23:01 模板
drwxr-xr-x. 2 root root    6 11月  1 23:01 视频
drwxr-xr-x. 2 root root 4096 11月 16 19:58 图片
drwxr-xr-x. 2 root root    6 11月  1 23:01 文档
drwxr-xr-x. 2 root root    6 11月  1 23:01 下载
drwxr-xr-x. 2 root root    6 11月  1 23:01 音乐
drwxr-xr-x. 2 root root    6 11月  1 23:01 桌面
[root@localhost ~]#
```

图14-7 长格式查看文件

d：表示是一个目录，事实上在 ext2 中，目录是一个特殊的文件。

-：表示这是一个普通的文件。

l：表示这是一个符号链接文件，实际上它指向另一个文件。

b、c：分别表示区块设备和其他的外围设备，是特殊类型的文件。

s、p：这些文件关系到系统的数据结构和管道，通常很少见到。

### 2. 文件权限的修改

文件权限的修改可以通过 chmod 命令来实现，格式如下所示，具体修改文件权限可以通过文字和数字两种表示方法。

```
chmod 选项 文件
```

（1）以数字表示权限

数字表示法是指将读取（r）、写入（w）和执行（x）分别用数字 4、2 和 1 来表示。

（2）使用权限的文字表示法时，系统用 4 种字母来表示不同的用户

u：user 表示所有者。g：group 表示属组。o：others 表示其他用户。a：all 表示以上 3 种用户。

（3）权限修改操作符号

+：添加某种权限。-：减去某种权限。=：赋予给定权限并取消原来的权限。

示例：当要修改目录 2 的权限时，想使得其他用户具有读的权限，可以在其他用户拥有的权限上增加一个 w 权限，使用如下命令实现。

```
#chmod o+w 2
```

如果要将所有用户的访问权限都改为读（4）写（2）执行（1）权限，使用如下命令实现：

```
#chmod 777 2
```

此处的第一个 7 是所有者用户对 2 的权限为 4+2+1，第二个 7 是所属组用户对 2 的权限为 4+2+1，第三个 7 是其他用户对 2 的权限为 4+2+1。

### 3. 对文件所有者与所属组的修改

修改文件所有者和所属组，命令格式如下所示：

chown 选项 用户和属组 文件列表

例如，修改目录 2 的所有者用户为 user1，所属组为 linux1。

```
#chown user1:linux1 2
```

## 14.3 网络安全基本配置

### 1. 保护口令文件

例如：

```
[root@localhost ~]# chattr +i /etc/passwd
[root@localhost ~]# chattr +i /etc/shadow
[root@localhost ~]# chattr +i /etc/group
[root@localhost ~]# chattr +i /etc/gshadow
```

### 2. 删除登录信息

例如：

```
[root@localhost ~]# echo ""> /etc/issue
[root@localhost ~]# echo ""> /etc/issue.net
```

### 3. 阻止 ping 命令

例如：

```
[root@localhost ~]# echo "1"> /proc/sys/net/ipv4/icmp_echo_ignore_all
```

## 14.4 项目实训

### 一、实训目的

- 能熟练完成 iptables 的应用。
- 能够熟练管理文件权限。

### 二、项目背景

背景 1：假如某公司需要 Internet 接入，由 ISP 分配 IP 地址 202.112.113.112。采用 iptables 作为 NAT 服务器接入网络，内部采用 192.168.1.0/24 地址，外部采用 202.112.113.112 地址。为确保安全需要配置防火墙功能，要求内部仅能够访问 Web、DNS 及 Mail 三台服务器；内部 Web 服务器 192.168.1.100 通过端口映象方式对外提供服务。

背景 2：某公司一重要文件开始创建时候没有注意权限管理，对外完全开放读写执行权限，此时要更改该文件权限。

### 三、实训内容

- Linux 下 iptables 防火墙的配置。
- 文件权限的修改。

### 四、实训步骤

任务 1　iptalbes 的应用

- 载入相关模块。

```
[root@RHEL4 named]# iptables -t filter -F
[root@RHEL4 named]# iptables -t nat -F
[root@RHEL4 named]# iptables -t mangle -F
[root@RHEL4 named]#
```

- 设置 Web 服务器。

```
[root@RHEL4 named]# iptables -A FORWARD -i eth0 -p tcp --dport 80 -j ACCEPT
[root@RHEL4 named]# iptables -A FORWARD -i eth0 -p udp --dport 80 -j ACCEPT
[root@RHEL4 named]# iptables -t nat -A POSTROUTING -o eth0 -p tcp --dport 80 -j SNAT --to-source 202.112.113.112
[root@RHEL4 named]# iptables -t nat -A POSTROUTING -o eth0 -p udp --dport 80 -j SNAT --to-source 202.112.113.112
[root@RHEL4 named]#
```

- 设置 DNS 服务器。

```
[root@RHEL4 named]# iptables -A FORWARD -i eth0 -p tcp --dport 53 -j ACCEPT
[root@RHEL4 named]# iptables -A FORWARD -i eth0 -p udp --dport 53 -j ACCEPT
[root@RHEL4 named]#
```

- 设置邮件服务器。

```
[root@RHEL4 named]# iptables -A FORWARD -i eth0 -p tcp --dport 25 -j ACCEPT
[root@RHEL4 named]# iptables -A FORWARD -i eth0 -p udp --dport 25 -j ACCEPT
[root@RHEL4 named]# iptables -A FORWARD -i eth0 -p tcp --dport 110 -j ACCEPT
[root@RHEL4 named]# iptables -A FORWARD -i eth0 -p udp --dport 110 -j ACCEPT
[root@RHEL4 named]#
```

- 设置不回应 ICMP 封包。

```
[root@RHEL4 named]# iptables -t filter -A INPUT -p icmp --icmp-type 8 -j DROP
[root@RHEL4 named]# iptables -t filter -A OUTPUT -p icmp --icmp-type 0 -j DROP
[root@RHEL4 named]# iptables -t filter -A FORWARD -p icmp --icmp-type 8 -j DROP
[root@RHEL4 named]# iptables -t filter -A FORWARD -p icmp --icmp-type 0 -j DROP
[root@RHEL4 named]#
```

- 防止网络扫描。

```
[root@RHEL4 named]# iptables -t filter -A INPUT -p tcp --tcp-flags ALL ALL -j DROP
[root@RHEL4 named]# iptables -t filter -A FORWARD -p tcp --tcp-flags ALL ALL -j DROP
[root@RHEL4 named]# iptables -t filter -A INPUT -p tcp --tcp-flags ALL NONE -j DROP
[root@RHEL4 named]# iptables -t filter -A FORWARD -p tcp --tcp-flags ALL NONE -j DROP
[root@RHEL4 named]# iptables -t filter -A INPUT -p tcp --tcp-flags ALL FIN,URG,PSH -j DROP
[root@RHEL4 named]# iptables -t filter -A FORWARD -p tcp --tcp-flags ALL FIN,URG,PSH -j DROP
[root@RHEL4 named]# iptables -t filter -A INPUT -p tcp --tcp-flags SYN,RST SYN,RST -j DROP
[root@RHEL4 named]# iptables -t filter -A FORWARD -p tcp --tcp-flags SYN,RST SYN,RST -j DROP
[root@RHEL4 named]#
```

- 允许管理员以 SSH 方式连接到防火墙修改设定。

```
[root@RHEL4 named]# iptables -t filter -A INPUT -p tcp --dport 22 -j ACCEPT
[root@RHEL4 named]# iptables -t filter -A INPUT -p udp --dport 22 -j ACCEPT
[root@RHEL4 named]#
```

任务 2  文件权限管理

创建用户 user1，设置密码。

- 在用户 user1 主目录下创建目录 test，进入 test 目录创建空文件 file1。并以长格形式显示文件信息，注意文件的权限及所属用户和组。

```
[user1@RHEL4 ~]$ mkdir test;cd test
[user1@RHEL4 test]$ touch file1
[user1@RHEL4 test]$ ll
total 0
-rw-rw-r--  1 user1 user1 0 Apr 20 14:10 file1
[user1@RHEL4 test]$
```

- 对文件 file1 设置权限,使其他用户可以对此文件进行写操作。查看设置结果。

```
[user1@RHEL4 test]$ chmod o+w file1
[user1@RHEL4 test]$ ll
total 0
-rw-rw-rw-  1 user1 user1 0 Apr 20 14:10 file1
```

- 取消同组用户对此文件的读取权限。查看设置结果。

```
[user1@RHEL4 test]$ chmod g-r file1
[user1@RHEL4 test]$ ll
total 0
-rw--w-rw-  1 user1 user1 0 Apr 20 14:10 file1
```

- 用数字形式为文件 file1 设置权限,所有者可读、可写、可执行;其他用户和所属组用户只有读和执行的权限。设置完成后查看设置结果。

```
[user1@RHEL4 test]$ chmod 755 file1
[user1@RHEL4 test]$ ll
total 0
-rwxr-xr-x  1 user1 user1 0 Apr 20 14:10 file1
```

- 用数字形式更改文件 file1 的权限,使所有者只能读取此文件,其他任何用户都没有权限。查看设置结果。

```
[user1@RHEL4 test]$ chmod 400 file1
[user1@RHEL4 test]$ ll
total 0
-r--------  1 user1 user1 0 Apr 20 14:10 file1
```

- 为其他用户添加写权限。查看设置结果。

```
[user1@RHEL4 test]$ chmod o+w file1
[user1@RHEL4 test]$ ll
total 0
-r------w-  1 user1 user1 0 Apr 20 14:10 file1
```

- 回到上层目录,查看 test 的权限。

```
[user1@RHEL4 test]$ cd ..;ll
total 4
-rw-r--r--  1 root  root     0 Sep 12  2008 a
-rw-r--r--  1 root  root     0 Sep 12  2008 b
-rw-r--r--  1 root  root     0 Sep 12  2008 c
drwxrwxr-x  2 user1 user1 4096 Apr 20 14:10 test
```

- 为其他用户添加对此目录的写权限。

```
[user1@RHEL4 ~]$ chmod o+w test
[user1@RHEL4 ~]$ ll
total 4
-rw-r--r--  1 root  root     0 Sep 12  2008 a
-rw-r--r--  1 root  root     0 Sep 12  2008 b
-rw-r--r--  1 root  root     0 Sep 12  2008 c
drwxrwxrwx  2 user1 user1 4096 Apr 20 14:10 test
```

- 查看目录 test 及其中文件的所属用户和组。

```
[user1@RHEL4 ~]$ ll;ll -r test/
total 4
-rw-r--r--  1 root  root     0 Sep 12  2008 a
-rw-r--r--  1 root  root     0 Sep 12  2008 b
-rw-r--r--  1 root  root     0 Sep 12  2008 c
drwxrwxrwx  2 user1 user1 4096 Apr 20 14:10 test
total 0
-r------w-  1 user1 user1 0 Apr 20 14:10 file1
```

- 把目录 test 及其下所有文件的所有者改成 bin,所属组改成 daemon。查看设置结果。